建設業許可
取得・維持管理
のことがよくわかる本

塩谷 豪 著

改訂版

セルバ出版

はじめに

はじめまして。行政書士の塩谷と申します。

私は開業以来14年間、建設業者様のサポートを専門分野として事務所運営をしてきました。建設業法の遵守、とりわけ建設業許可の取得とその後の維持管理には、大企業から地元中小企業まで皆様大変お悩みになっている状況を常に身近に感じています。

今から8年前の3月、東日本大震災が発生しました。福島県沿岸部で生まれ育ち、宮城県仙台市で行政書士をしていた私にとって、この出来事はそれまでの価値観をまるごと変えてしまうインパクトがありました。

元々建設業者様のサポートが専門分野だった私は、この震災で爆発的にニーズが増えた建設業者様のサポート以外は一切のご依頼をお断りして、この分野のみに注力し、たくさんの建設業者様のお手伝いをさせていただきました（現在は幅広く、様々な事業者様の各種お手続をお手伝いしております）。

本書に書かせていただいているのは、この経験を基にした読みやすくて理解しやすい、実際に自社のことに当てはめてお読みいただける、建設業者様向けの「建設業許可取得・維持管理」のノウハウです。

建設業者様が正しくスムーズに建設業法（以下本文では「業法」といいます）を理解しご自身の

ビジネスに反映することで、事業を発展させることの一助になることが私の希望です。
建設業法はつくられてから70年以上経過している非常に古い法律です。法令自体が現在の建設業界を正しく反映していない（時代遅れになっている）部分も多く、近年、法改正や運用の見直しが続いています。経営層の高齢化や後継者問題、労働力不足、働き方改革への対応などの諸問題に対応するための大規模な改正が重ねられており、国内の基幹産業の1つである建設業界が「持続可能な事業環境」を確保できるような状況を目指しています。
法改正が重ねられることにより、一部については事業者の負担が減る部分があるものの、他の部分では逆に負担が増える場合もあります。更に、細かい法改正があることで、その時点での正確な運用を把握できず、知らず知らずのうちに法令違反になってしまうケースも考えられます。本書で現時点の正しい建設業許可制度を理解していただき、今後の法改正、運用の見直しに対応していただければ幸いです。
２０１９年５月
改訂版では、許可取得のための要件や確認資料、申請書類等の改正について収録。
２０２１年10月
塩谷　豪

改訂版／建設業許可取得・維持管理のことがよくわかる本　目次

第3章 建設業許可申請のスケジュールと建設業許可申請書類作成ガイド

第4章　申請書の実例でコツを掴もう！

第5章　許可取得後の義務、定期的な報告など

第6章 公共工事を受注したい場合の手続（経審、入札参加資格申請）

おわりに

第1章　建設業許可を取得していないことで起こるトラブル

1　建設業許可の必要性

　建設業者であれば、建設業許可の必要性は十分にご承知のことと思います。1件あたり500万円（建築一式工事の場合は1，500万円）以上の建設工事を請け負う場合は、管轄する都道府県等から建設業許可を取得しなければなりません。

　また、近年のコンプライアンス（法令遵守）の意識の高まりにより、1件あたりの請負金額が500万円（建築一式工事の場合は1，500万円）未満の場合であっても、発注者や元請業者の意向で建設業許可を取得していることが望ましいとされるケースが多くなってきています。

　さらに、建設業者以外の事業者でも、メイン業務を行う上で業法上の建設工事に該当する作業が付帯することで、建設業許可を取得する必要が出てくるケースも多くあります。

　例えば、大型機械の製造メーカーや販売店などが、工場などへの納品の際に設置する作業までが売買契約の内容に含まれる場合で、自社の認識としては「販売しているだけ」であっても、設置作業が業法上の建設工事に該当する可能性がある場合、メーカーだが建設業許可を取得する必要が出てくる、などのケースです。

　メイン業務が建設業である建設業者も、近隣業務を行う事業者も、事業の内容によって建設業許可を取得するニーズは日増しに高まっていると言えます。

では実際に、建設業許可を取得していないことで起こりうるトラブルの実例を見てみましょう。実際に私がご相談を受けた事例ばかりです。なお、これらの事例はすべて、厳密には法令違反の状態だったものばかりです。現在は「法令遵守はやっていて当たり前」の時代なので、法令違反の状態は一刻も早く是正すべきです。

2　建設業許可を持っていなかったら役所から調査に来た！

「建設業許可は持っていないが、昔からの付き合いでずっと無許可でやってきているし、仕事も回してもらえるからうちは取らないんだ」という建設業者がいました。それまでは、よくない意味でうまく行っていたのでしょう。ある日、地域を管轄する建設業者の監督部署から「建設業法違反の疑いがあるから調査したい」と連絡が入ります。

各地域の建設業者の監督部署（地域によって土木部など様々な呼称があります）では、定期的に業法違反がないか、地域の建設業者などをチェックして、必要に応じて巡回監督しています。これによって業法違反などが発覚した場合、軽微な場合は口頭での指導から、程度によって文書による指導または指示などのケース、最悪の場合は刑事罰を課されるケースもあり、年間でも何度か「建設業法違反（無許可営業）」などニュースが出ますね。

上記の調査が来たケースでは、無許可であっても建設業許可を必要とする金額の案件を近年受注していなかったことなどから、口頭による指導があっただけで終わりましたが、その後すぐに私がお手伝いして、建設業許可を取得することになりました。

3　契約寸前の案件が請負金額の制限で失注した

「先生、見積もりも終わって契約書つくる段階で、発注者から建設業許可証を出してくれと言われたんだが、うちでは持ってないんだ。許可がなくても大丈夫だって一筆書いてくれないか」という相談がありました（今でも定期的にいただきます）。すぐ書きますよ、と言いたいところですが、残念ながら正しくない文書をお出しするわけにはいかないので、伺ったお話を基に「できません」とお答えするケースもあります。

「請負金額」や「建設工事に該当するか否か」にもよりますし、工事の中でもどういった種類の工事なのかにもよりますので、「建設業許可がなくても大丈夫か、駄目か」は個別の案件ごとに判断するしかありませんが、せっかく契約寸前まで話を進めた案件が失注してしまっては、それまでのお仕事が無駄になってしまいます。

建設業許可に限りませんが、自社の業務範囲で、許認可等が必要な可能性のある業務については、前記のような失注が発生しないよう、常に受注可能なように許認可等を整備している必要があるでしょう。

4　元請から許可取得しないと取引できないと言われた

「ずっと取引してきた元請から、これまで言われたことがなかったのに、突然建設業許可を取得しないと今後取引ができないと言われた」というご相談があります。

これまでの通り、１件あたり５００万円（建築一式工事の場合は1，５００万円）以上の建設工事を請け負う場合は、建設業許可を取得しなければなりません。逆に言えばあくまで業法上は、この金額未満の建設工事しか受注しない場合、建設業許可を取得する必要はありません。少額の工事をたくさん受ける業態の建設業者の場合、建設業許可が不要なケースもあり得るでしょう。

しかし、元請業者や個人の発注者の立場に立つと、違う解釈があり得ます。建設業許可を取得している事業者は、一定の要件を備えて許可を受けているため、経営面、技術面、管理体制の面でいわば「お墨付き」を受けている状態と言えます。その他の条件が同じ場合、お墨付きがある事業者とお墨付きがない事業者では、前者の方が発注する側からすれば安心してもらえるというのは、感覚的にご理解いただけると思います。

特に発注者が元請業者等の建設業者の場合には、業界全体の傾向として「許可が必要ない工事の場合でも、なるべく建設業許可を取得している事業者との取引をしていこう」という風潮があるため（ちなみにこの傾向は年々増しています）、今後は益々「建設業許可を取得していることが前提」

という取引が増加していくことと思われます。

もちろん、発注者側と受注者側で人間関係が出来上がっているなどの理由で、継続的に取引ができる個別事例は多くあるでしょう。全体の傾向として上記のような風潮があることを知っていただければと思います。

5 今まで無許可で何十年もやってきたんだけど…駄目なの?

何十年も事業を継続してやってこられただけで素晴らしいですが、あくまで建設業許可の観点からは、業法に違反していなければ駄目ではないですし、違反状態であれば駄目です、ということになります。

法令上正しいかどうかは別として、これまでご相談いただいた事例として見聞きしている範囲では、業法上建設業許可が必要な事業者でも、無許可営業を続けていらっしゃった事例は多くあるようです。言葉は悪いですが「バレないでやってきたからこれからも大丈夫」というお考えなのかもしれません。ですが、まず第一に法令違反ですし、バレなかったのはたまたまそうだっただけで、バレない保証はありません(バレたら先の通り、最悪の場合は刑事罰です)。また、建設業許可が必要ない事業者でも社会的信用のために建設業許可を取得している現在では、無許可でいることで事業者間の競争に追いつけなくなることにもなります(法令違反状態であれば競争以前の問題ですね)。

残念ながら、何十年もやってきたスタイルだからこれでいい、というわけにはいきません。法令を守る意味でも、業界内で競争していく意味でも、建設業許可を取得する必要があるのであれば、すぐにでも取得するべきだと言えるでしょう。

6　許可番号さえあれば全部できるんでしょ？

建設業許可には、29種類の「業種」という考え方があります。事業者は自社に必要な許可業種ごとに、建設業許可を取得することになります。ですので、１つの業種の建設業許可を受けていればすべての業種の建設工事を請け負えるということではありません。

ご相談いただく事例としては、「とび・土工工事業」の許可をお持ちの事業者が請負金額６００万円の「塗装工事」を請け負えるか、というご質問をいただけば、「塗装工事」は「とび・土工工事」ではないので、請け負えません、受注できませんという回答になります。別途「とび・土工工事業」の許可を取得（「許可業種の追加」といいます）して、適法な状態で受注していただくのが正しい扱いになります。

別の事例として、「建築一式工事」の許可をお持ちの事業者が８００万円の内装工事を請け負えるか、というご質問があります。一見すると「建築一式は建築系の業務全部だから内装工事も請け負える」という回答になりそうですが、業法上は違います。請け負えません。

「土木一式工事」と「建築一式工事」は、「総合的な企画、指導、調整のもとに」土木工作物、建築物を建設する工事という内容になっています。一式工事以外の工事は、この「総合的な企画、指導、調整」を伴わないという解釈がされているので、「建築一式工事」の許可をお持ちでも、「内装仕上げ工事」にあたる内装工事は、請け負えないことになります。別途「内装仕上げ工事業」の許可を取得することになります。

7　コンプライアンス意識の高まりと許可の重要性

ここまで見てきたように、法令上守るべき基準を守り、建設業許可を取得する必要があれば取得し、適正な状態で業務を受注する体制をつくることで、様々なトラブルを回避することができます。

近年、コンプライアンスという言葉が企業経営の中で重視されています。日本語に訳すと「法令遵守」という言葉が一般的なようです。法令をきっちり守り、業務を受注する上で適正な体制をつくること、つくった体制を維持・管理することを指します。

社会の風潮としてコンプライアンスが重要視されてきているため、自社だけがコンプライアンスを無視した経営を続けることは、年々不可能に近づいていくことでしょう。

これ以降の章では、建設業許可の取得を目標として、基礎知識からわかりやすく解説したいと思います。

第2章　建設業許可を取得したいと思ったら

（基礎知識編）

1　建設工事の種類を知ろう

そもそも「建設業」とは、何でしょう。建設業者であれば当たり前のようにイメージできると思います。しかし、業法の観点からは、「建設工事の完成を請け負う営業」のことをいいます。完成を請け負うので、単なる人工出し、工事現場の清掃、機械の点検、除草作業などを営んでいても、建設業には該当しません。

業法上、建設工事は29業種に分かれています（図表1）。

ただし、様々な工事が混じり合いながら進む建設現場のすべてをこれら29種類に単純に分けることは不可能で、工事の様態に応じて判断していくことになります。

建設業を管轄する国土交通省（以下「国交省」といいます）が細かい分類の解釈の仕方を示しているので、図表1の例示だけで判断がつきにくい場合は、国交省ホームページからこれらの解釈を見ていただくのもよいかもしれません。

本書では「わかりやすく」をモットーにしているので、「建設工事は29業種に分かれている」というところをまず確認していただければと思います。

〔図表１　建設工事と建設業の種類〕

略号	建設工事の種類	内容	例示
土	土木一式工事	総合的な企画、指導、調整のもとに土木工作物を建設する工事(補修、改造又は解体する工事を含む。以下同じ。	トンネル工事、橋梁工事、ダム工事、護岸工事などを一式として請負うもの。そのうちの一部のみの請負は、それぞれの該当する工事になる。
建	建築一式工事	総合的な企画、指導、調整のもとに建築物を建設する工事	建物の新築工事、増改築工事、建物の総合的な改修工事等、一式工事として請負うもの。
大	大工工事	木材の加工又は取付けにより工作物を築造し、又は工作物に木製設備を取付ける工事	大工工事、型枠工事、造作工事
左	左官工事	工作物に壁土、モルタル、漆くい、プラスター等をこて塗り、吹付け又ははり付ける工事	左官工事、モルタル工事、モルタル防水工事、吹付け工事、とぎ出し工事、洗い出し工事
と	とび・土工・コンクリート工事	イ　足場の組立て、機械器具・建設資材等の重量物の運搬配置、鉄骨等の組立て等を行う工事 ロ　くい打ち、くい抜き、場所打ぐい工事 ハ 土砂等の掘削、盛上げ、締固め等工事 ニ　コンクリートにより工作物を築造する工事ホその他基礎的ないしは準備的工事	イ　とび工事、ひき工事、足場等仮設工事、重量物の揚重運搬配置工事、コンクリートブロック据付け工事等 ロ　くい工事、くい打ち工事、くい抜き工事、掘削工事、盛土工事等 ニ　コンクリート工事、コンクリート打設工事、コンクリート圧送工事 ホ　地すべり防止工事、地盤改良工事、ボーリンググラウト工事、土留め工事、法面保護工事、道路付属物設置工事、屋外広告物設置工事、外構工事、はつり工事、アンカー工事、あと施工アンカー工事、潜水工事
石	石工事業	石材(石材に類似のコンクリートブロック及び擬石を含む。 の加工又は積方により工作物を築造し、又は工作物に石材を取付ける工事	石積み(張り 工事、コンクリートブロック積み(張り 工事
屋	屋根工事業	瓦、スレート、金属薄板等により屋根をふく工事	屋根ふき工事
電	電気工事業	発電設備、変電設備、送配電設備、構内電気設備等を設置する工事	発電設備工事、送配電線工事、引込線工事、変電設備工事、構内電気設備(非常用電気設備を含む。 工事、照明設備工事、電車線工事、信号設備工事、ネオン装置工事
管	管工事業	冷暖房、空気調和、給排水等のための設備を設置し、又は金属管を使用して水、ガス、水蒸気等を送配するための設備を設置する工事	冷暖房設備工事、冷凍冷蔵設備工事、空気調和設備工事、給排水・給湯設備工事、厨房設備工事、衛生設備工事、浄化槽工事、水洗便所設備工事、ガス管配管工事、ダクト工事、管内更生工事
タ	タイル・れT)・ブロック工事業	れん)、コンクリートブロック等により工作物を築造し、又は工作物にこれらを取付け、又ははり付ける工事	コンクリートブロック積み(張り 工事、れん) 積み(張り 工事、タイル張り工事、築炉工事、スレート張り工事、サイディング工事
鋼	鋼構造物工事業	形鋼、鋼板等の鋼材の加工又は組立てにより工作物を築造する工事	鉄骨工事、橋梁工事、鉄塔工事、石油・ガス等の貯蔵用タンク設置工事、屋外広告工事、閘門・水門等の門扉設置工事
筋	鉄筋工事業	棒鋼等の鋼材を加工し、接合し、又は組立てる工事	鉄筋加工組立て工事、鉄筋継手工事
舗	舗装工事業	道路等の地盤面をアスファルト、コンクリート、砂、砂利、砕石等により舗装する工事	アスファルト舗装工事、コンクリート舗装工事、ブロック舗装工事、路盤築造工事

浚	浚せつ工事業	河川、港湾等の水底をしゅんせつする工事	しゅんせつ工事
板	板金工事業	金属薄板等を加工して工作物に取付け、又は工作物に金属製等の付属物を取付ける工事	板金加工取付け工事、建築板金工事
ガ	ガラス工事業	工作物にガラスを加工して取付ける工事	ガラス加工取付け工事
塗	塗装工事業	塗料、塗材等を工作物に吹付け、塗付け、又ははり付ける工事	塗装工事、溶射工事、ライニング工事、布張り仕上工事、鋼構造物塗装工事、路面標示工事
防	防水工事業	アスファルト、モルタル、シーリング材等によって防水を行う工事	アスファルト防水工事、モルタル防水工事、シーリング工事、塗膜防水工事、シート防水工事、注入防水工事
内	内装仕上工事業	木材、石膏ボード、吸音板、壁紙、たたみ、ビニール床タイル等を用いて建築物の内装仕上げを行う工事	インテリア工事、天井仕上工事、壁張り工事、内装間仕切り工事、床仕上工事、たたみ工事、ふすま工事、家具工事、防音工事
機	機械器具設置工事業	機械器具の組立て等により工作物を建設し、又は工作物に機械器具を取付ける工事	プラント設備工事、運搬機器設置工事、内燃力発電設備工事、集塵機器設置工事、給排気機器設置工事、揚排水機器設置工事、ダム用仮設備工事、遊技施設設置工事、舞台装置設置工事、サイロ設置工事、立体駐車設備工事
絶	熱絶縁工事業	工作物又は工作物の設備を熱絶縁する工事	冷暖房設備、冷凍冷蔵設備、動力設備又は燃料工業、化学工業等の設備の熱絶縁工事、ウレタン吹付け断熱工事
通	電気通信工事業	有線電気通信設備、無線電気通信設備、放送機械設備、データ通信設備等の電気通信設備を設置する工事	電気通信線路設備工事、電気通信機械設置工事、放送機械設置工事、空中線設備工事、データ通信設備工事、情報制御設備工事、TV電波障害防除設備工事
園	造園工事業	整地、樹木の植栽、景石のすえ付け等により庭園、公園、緑地等の苑地を築造する工事	植栽工事、地被工事、景石工事、地ごしらえ工事、公園設備工事、広場工事、園路工事、水景工事、屋上等緑化工事、緑地育成工事
井	さく井工事業	さく井機械等を用いてさく孔、さく井を行う工事又はこれらの工事に伴う揚水設備設置等を行う工事	さく井工事、観測井工事、還元井工事、温泉掘削工事、井戸築造工事、さく孔工事、石油掘削工事、天然ガス掘削工事、揚水設備工事
具	建具工事業	工作物に木製又は金属製の建具等を取付ける工事	金属製建具取付け工事、サッシ取付け工事、金属製カーテンウォール取付け工事、シャッター取付け工事、自動ドアー取付け工事、木製建具取付け工事、ふすま工事
水	水道施設工事業	上水道、工業用水道等のための取水、浄水、配水等の施設を築造する工事又は公共下水道若しくは流域下水道の処理設備を設置する工事	取水施設工事、浄水施設工事、配水施設工事、下水処理設備工事
消	消防施設工事業	火災警報設備、消火設備、避難設備若しくは消火活動に必要な設備を設置し、又は工作物に取付ける工事	屋内消火栓設置工事、スプリンクラー設置工事、水噴霧、泡、不燃性ガス、蒸発性液体又は粉末による消火設備工事、屋外消火栓設置工事、動力消防ポンプ設置工事、火災報知設備工事、漏電火災警報器設置工事、非常警報設備工事、救助袋、緩降機、避難橋又は排煙設備の設置工事
清	清掃施設工事業	し尿処理施設、ごみ処理施設を設置する工事	ごみ処理施設工事、し尿処理施設工事
解	解体工事業	工作物の解体を行う工事	工作物解体工事

2　許可の類型を知ろう

　業法上、許可の類型が次のように分かれています。自社の業態に合った許可を選んで、取得に向けた作業を進めていくことになります。

(1)国交省大臣許可と都道府県知事許可
(2)特定建設業と一般建設業

　(1)は営業所がある場所による区分で、(2)は元請業者が発注する下請工事の1件あたりの金額による区分です。

　国交省大臣許可（以下「大臣許可」といいます）は、2つ以上の都道府県に営業所を持って営業する場合に必要になる許可です。対して、都道府県知事許可（以下「知事許可」といいます）は、1つの都道府県にだけ営業所を持って営業する場合に取得する許可です。「営業所」は、常時建設工事に関する見積もり、入札、請負契約等の実体的な業務を行う事務所をいい、単なる工事事務所（現場事務所）、連絡所、置き場などはこの「営業所」にはあたりません。

　また、複数の事業を行う企業で、建設工事以外の事業だけを行う事務所（例えば物販のみを行う店舗など）は、常時建設工事に関する実体的な業務を行うとは言えないため、やはり「営業所」にあたりません。

この「営業所」が2つ以上の都道府県に存在するか、1つの都道府県内にだけ存在するかで、大臣許可か知事許可かを判断することになります。

特定建設業は、「元請業者」が、工事の一部を下請に出す場合で、1件の工事あたりの下請発注金額が4，000万円（建築一式工事は6，000万円）以上になる場合に分類されます。複数の下請業者に発注する場合、その合計額が上記の金額以上になる場合も含みます。ちょっとわかりにくいですが、1億円の下請発注をする場合でも、自社が「元請業者」でない場合は、特定建設業ではないことになります。つまり自社が1次下請の場合は、いくら再下請工事を発注しても特定建設業にはなりません。

一般建設業は、特定建設業にあたる事業者以外が該当します。元請業者であっても、1件あたりの下請発注金額が4，000万円（建築一式工事は6，000万円）未満の場合には、一般建設業ということになります。また、工事のすべてを自社で施工する場合(下請工事を発注しない場合)も、下請発注金額は0なので、当然一般建設業になります。

まとめると、次のような分類ができます。

a「大臣許可」の「特定建設業」
b「大臣許可」の「一般建設業」
c「知事許可」の「特定建設業」
d「知事許可」の「一般建設業」

同一の事業者が、１つの業種について一般と特定両方の許可を受けることはできませんし、同一の事業者が一部の業種を大臣許可、他の業種を知事許可という受け方をすることもできません。
この部分は理解するのがちょっと難しいところですが、自社の状況に照らし合わせて、a～dのうち「うちの会社はこの区分を選べばいいんだな」という目安を立てていただければと思います。

3　許可取得のための要件を知ろう

建設業許可を取得するためには、会社（もちろん個人事業でも結構です）として大きく分けて５つの要件をクリアしている必要があります。各項目は細かく規定されていますが、ここでは大まかな要件の概要だけ確認してみたいと思います。

⑴経営業務の管理体制

法人の場合は常勤役員のうち１人が、個人事業の場合は事業主または支配人が、一定以上の経営経験を有しているか、又は申請者が事業体として経営業務の管理体制が整っているか、いずれかの基準をクリアしている必要があります。

⑵専任技術者

すべての営業所に、一定以上の技術的な裏づけを持った職員を配置する必要があります。営業所が１つの場合はその営業所へ、営業所が２つ以上の場合はそれぞれの営業所に１人以上、専任技術者を配置しなければなりません。専任技術者は役員ではなく、従業員の方でも大丈夫です。

(3)誠実性

建設工事は請負金額が高額で、一般の取引に比べ工期も長期化する場合が多いことから、申請者が請負契約などに関して不正や不誠実な行為をすることが明らかな場合は、建設業許可を取得することができません。

(4)財産的基礎

建設業許可を取得するには、一定以上の財産的基礎が必要です。先にも触れましたが、建設工事は請負金額が高額で、一般の取引に比べ工期も長期化する場合が多いことから、発注者保護の観点から建設業許可を受ける事業者には一定の財産的基礎を求めることになっています。

(5)欠格要件等

建設業許可には欠格要件があります。つまり、その他の要件をクリアしていても、欠格要件に該当する方が申請者の役員等にいる場合には、許可を取得することができません。

4　適正な経営体制

許可を受ける際に求められる一定以上の経営体制について解説します。2020年10月の法改正で大幅な変更が加わりましたが、おそらく初めて建設業許可を取得しようとするときに一番ややこしい部分なので、よく理解していただく必要があります。

次の⑴〜⑶いずれかの経験を有する方が常勤役員または個人事業主として営業所に在籍しているか、または、常勤役員等が⑷〜⑸に該当し、かつ「財務管理」「労務管理」「業務運営」について5年以上の業務経験を持つ方が補佐する体制を持つか、いずれかの体制が必要になります。

まずは⑴〜⑶に該当する方が自社にいるかどうかを検討してみましょう。⑷〜⑸は制度の理解自体が難しく、証明する資料を集めることも少しハードルが高い制度です。

⑴建設業に関し5年以上取締役、執行役、組合理事等としての経験を有する者

建設工事は業法上、29業種に分かれています。これから許可を取得しようとする29業種の工事のうち、どの種類でもいいので、5年以上の経営経験（取締役、執行役、組合の理事等の職歴）をお持ちの方が自社の役員にいれば、適正な経営体制があることになります。

法改正前の「経営業務の管理責任者」という制度に一番近いもので、旧許可基準と言っていいと思います（厳密には少し違うのですが）。登記上の取締役、組合の理事等は登記簿謄本に過去の履歴が記載されているため、経営経験の証明がしやすいです。

⑵建設業に関し5年以上経営業務の管理責任者に準ずる地位（執行役員等）にあり、経営業務を管理する経験を有する者

先に解説した⑴はあくまで「取締役」等の役員を想定していますが、⑵は取締役等に限らず、取締役会から建設部門の業務執行権限を委任されていた役員（いわゆる執行役員等）の経験でも可とし、この経験をお持ちの方が自社の役員にいれば、適正な経営体制があることとしています。

執行役員は、「取締役会の決議を経て取締役会または代表取締役から具体的な権限委譲を受けた者」という説明が（建設業許可の取扱い上は）されているため、比較的規模の大きい会社での経験が想定されています。よく「自分は以前の職場で取締役ではなかったが、社長から全部任されていて事実上執行役員みたいなものだから、経営経験があると思う」というご相談を受けますが、経験された事業者の規模によりますが、社長＋従業員さん10人くらいの事業者での経験だと、かなり厳しいと言わざるを得ません。

(3)建設業に関し、6年以上経営業務の管理責任者に準ずる地位にある者として管理責任者を補助する経験を有する者

上記(2)との比較になり、(2)は取締役会等から具体的な権限（業務執行権限）の委任を受けている役職を想定していますが、(3)はこの「業務執行権限を持つ者を補助する立場」になります。言葉の意味を砕いてみると、副支店長や副所長などのことを指す言葉です。建設業について6年以上この経験をお持ちの方が自社の役員にいれば、適正な経営体制があることとしています。

(4)建設業に関し2年以上役員等としての経験があり、かつ5年以上役員又は役員に次ぐ地位（財務、労務、業務運営に限る）にある経験がある者

２０２０年10月の法改正で新設された制度ですが、とてもわかりにくい表現ですね。求められる経験が２層に分かれていて、１層目は「5年以上建設業の役員に次ぐ地位以上にいること」、２層目は「そのうち役員経験が2年以上であること」です。1層目をクリアした上で2層目もクリアできる場合に、経営管理体制に求められる「常勤役員」になることができます。

ただし、⑷と⑸は「常勤役員」がクリアできるだけでは足りず、常勤役員がクリアできた上で、かつ「財務管理」「労務管理」「業務運営」について5年以上の業務経験を持つ方が補佐する体制を持つことを求められます。

⑸5年以上役員等としての経験を有し、かつ建設業に関し2年以上役員等としての経験を有する者

これも法改正で新設された制度です。求められる経験がやはり2層に分かれていて、1層目は「建設業に限らず、役員経験が5年以上あること」、2層目は「そのうち建設業の役員経験が2年以上あること」です。1層目をクリアした上で2層目もクリアできる場合に、経営管理体制に求められる「常勤役員」になることができます。

従前の建設業法では、建設業以外の経営経験というものは許可手続上一切評価して来なかったため、この規定は新しい解釈だと言えると思います。

先述の通り、この⑸では「常勤役員」がクリアできるだけでは足りず、補佐する体制を持つことを求められます。この「常勤役員を補佐する者」は財務管理、労務管理、業務運営それぞれの経験を5年持っている必要がありますが、それぞれの業務を3人で分担して受け持ってもいいですし、1人が3つの経験を兼ねてもいいです。

5　専任技術者

営業所ごとに、一定以上の技術的な裏づけを持った職員を配置する必要がありますが、これが専任技術者です。専任技術者は経営業務の管理責任者同様、各営業所に「常勤」である必要があるので、他の会社の職員や、他の営業所の専任技術者を兼任することはできません。一般建設業と特定建設業とでは、専任技術者の要件が違います。次のいずれかの要件に該当している必要があります。

(1) 一般建設業の場合

a 国家資格などを取得していること

該当する国家資格などについては、図表2の技術職員資格区分にまとめていますのでご確認ください。図表2のうち白抜き及び黒塗り印がついている業種について、専任技術者になれるという意味です。資格名に記載があるものは専任技術者として要件に該当しますが、大部分の民間資格や一般企業の職長教育など、図表2に記載のない資格については、建設業許可の手続上は使用できませんので、ご注意ください。

b 10年以上の実務経験を有する者

国家資格などをお持ちの方でなくても、実務経験で専任技術者になることが可能です。まず原則

〔図表2　営業所専任技術者となり得る国家資格など一覧〕

技術職員資格区分コード表

	資格区分 [資格取得後に必要な実務経験年数]	コード	建設業の種類																												
			土	建	大	左	と	石	屋	電	管	タ	鋼	筋	ほ	しゅ	板	ガ	塗	防	内	機	絶	通	園	井	具	水	消	清	解
建設業法	1級建設機械施工技士	11	●				●								●																
	1級建設機械施工技士(みなし解体資格)	1A	●				●								●																★
	2級建設機械施工技士(第1種～第6種)	12	○				○								○																
	2級建設機械施工技士(第1種～第6種)(みなし解体資格)	1B	○				○								○																☆
	1級土木施工管理技士	13	●				●	●					●		●	●			●									●			■
	1級土木施工管理技士(みなし解体資格)	1C	●				●	●					●		●	●			●									●			★
	2級土木施工管理技士　種別　土木	14	○				○	○					○		○	○												○			□
	2級土木施工管理技士　種別　土木(みなし解体資格)	1D	○				○	○					○		○	○												○			☆
	2級土木施工管理技士　種別　鋼構造物塗装	15																	○												
	2級土木施工管理技士　種別　薬液注入	16					○																								
	2級土木施工管理技士　種別　薬液注入(みなし解体資格)	1E					○																								☆
	1級建築施工管理技士	20		●	●	●	●	●	●			●	●	●			●	●	●	●	●		●				●				■
	1級建築施工管理技士(みなし解体資格)	2A		●	●	●	●	●	●			●	●	●			●	●	●	●	●		●				●				★
	2級建築施工管理技士　種別　建築	21		○																											□
	2級建築施工管理技士　種別　躯体	22			○		○					○	○	○																	□
	2級建築施工管理技士　種別　躯体(みなし解体資格)	2B			○		○					○	○	○																	☆
	2級建築施工管理技士　種別　仕上げ	23			○	○		○	○			○					○	○	○	○	○		○				○				
	1級電気工事施工管理技士	27								●																					
	2級電気工事施工管理技士	28								○																					
	1級管工事施工管理技士	29									●																				
	2級管工事施工管理技士	30									○																				
	1級電気通信工事施工管理技士	31																						●							
	2級電気通信工事施工管理技士	32																						○							
	1級造園施工管理技士	33																							●						
	2級造園施工管理技士	34																							○						
建築士法	1級建築士	37		●	●				●			●	●								●										
	2級建築士	38		○	○				○			○									○										
	木造建築士	39			○																										
技術士法	建設・総合技術監理(建設)	41	●				●			●					●	●									●						■
	建設・総合技術監理(建設)(みなし解体資格)	4A	●				●			●					●	●									●						★
	建設「鋼構造及びコンクリート」 総合技術監理(建設「鋼構造物及びコンクリート」)	42	●				●			●			●		●	●									●						■
	建設「鋼構造及びコンクリート」 総合技術監理(建設「鋼構造物及びコンクリート」)(みなし解体資格)	4B	●				●			●			●		●	●									●						★
選択科目がある場合は、登録証のほかに、選択科目が記載されている「合格証明書」も併せて添付する。	農業「農業土木」・総合技術監理(農業「農業土木」)	43	●				●																								
	農業「農業土木」・総合技術監理(農業「農業土木」)(みなし解体資格)	4C	●				●																								★
	電気電子・総合技術監理(電気電子)	44								●														●							
	機械・総合技術監理(機械)	45																				●									
	機械「流体工学」又は「熱工学」 総合技術監理(機械「流体工学」又は「熱工学」)	46									●											●									
	上下水道・総合技術監理(上下水道)	47									●																	●			
	上下水道「上水道及び工業用水道」 総合技術監理(上下水道「上水道及び工業用水道」)	48									●															●		●			
	水産土木「水産土木」・総合技術監理(水産「水産土木」)	49	●				●									●															
	水産土木「水産土木」・総合技術監理(水産「水産土木」)(みなし解体資格)	4D	●				●									●															★
	森林「林業」・総合技術監理(森林「林業」)	50																							●						
	森林「森林土木」・総合技術監理(森林「森林土木」)	51	●				●																		●						
	森林「森林土木」・総合技術監理(森林「森林土木」)(みなし解体資格)	5A	●				●																		●						★
	衛生工学・総合技術監理(衛生工学)	52									●																				
	衛生工学「水質管理」・総合技術監理(衛生工学「水質管理」)	53									●																	●			
	衛生工学「廃棄物管理」・総合技術監理(衛生工学「廃棄物管理」)	54									●																	●		●	
電気工事士法 電気事業法	第1種電気工事士	55								○																					
	第2種電気工事士 [3年]	56								○																					
	電気主任技術者(1種・2種・3種) [5年]	58								○																					
電気通信事業法	電気通信主任技術者 [5年]	59																					○								
消防法	甲種消防設備士	68																											○		
	乙種消防設備士	69																											○		
職業能力開発促進法	建築大工(1級) 建築大工(2級) [3年]	71			○																										
	型枠施工(1級) 型枠施工(2級) [3年]	64			○		○																								
	型枠施工(1級)(みなし解体資格) 型枠施工(2級)(みなし解体資格) [3年]	6B			○		○																								☆
	左官(1級) 左官(2級) [3年]	72				○																									
	とび・とび工(1級) とび・とび工(2級)【注1】 [3年]	57					○																								○
	とび・とび工(2級)(みなし解体資格)【注1】 [3年]	5B					○																								☆

	資格区分 [資格取得後に必要な実務経験年数]	コード	土	建	大	左	と	石	屋	電	管	タ	鋼	筋	ほ	しゅ	板	ガ	塗	防	内	機	絶	通	園	井	具	水	消	清	解
職業能力開発促進法	コンクリート圧送施工(1級)	73					○																								
	コンクリート圧送施工(2級) [3年]																														
	コンクリート圧送施工(1級)(みなし解体資格)	7A					○																								☆
	コンクリート圧送施工(2級)(みなし解体資格) [3年]																														
	ウェルポイント施工(1級)	66					○																								
	ウェルポイント施工(2級) [3年]																														
	ウェルポイント施工(1級)(みなし解体資格)	6C					○																								☆
	ウェルポイント施工(2級)(みなし解体資格) [3年]																														
	冷凍空気調和機器施工・空気調和設備配管(1級)	74									○																				
	冷凍空気調和機器施工・空気調和設備配管(2級) [3年]																														
	給排水衛生設備配管(1級)	75									○																				
	給排水衛生設備配管(2級) [3年]																														
	配管【注2】・配管工(1級)	76									○																				
	配管【注2】・配管工(2級) [3年]																														
	建築板金「ダクト板金作業」(1級)	70							○		○						○														
	建築板金「ダクト板金作業」(2級) [3年]																														
	タイル張り・タイル張り工(1級)	77										○																			
	タイル張り・タイル張り工(2級) [3年]																														
	築炉・築炉工(1級)・れんが積	78										○																			
	築炉・築炉工(2級) [3年]																														
	ブロック建築・ブロック建築工(1級)・コンクリート積みブロック施工	79						○				○																			
	ブロック建築・ブロック建築工(2級) [3年]																														
	石工・石材施工・石積み(1級)	80						○																							
	石工・石材施工・石積み(2級) [3年]																														
	鉄工【注3】・製罐(1級)	81											○																		
	鉄工【注3】・製罐(2級) [3年]																														
	鉄筋組立て・鉄筋施工【注4】(1級)	82												○																	
	鉄筋組立て・鉄筋施工【注4】(2級) [3年]																														
	工場板金(1級)	83															○														
	工場板金(2級) [3年]																														
	板金【注5】・建築板金「内外装板金作業」・板金工【注5】(1級)	84							○								○														
	板金【注5】・建築板金「内外装板金作業」・板金工【注5】(2級) [3年]																														
	板金・板金工・打出し板金(1級)	85															○														
	板金・板金工・打出し板金(2級) [3年]																														
	かわらぶき・スレート施工(1級)	86							○																						
	かわらぶき・スレート施工(2級) [3年]																														
	ガラス施工(1級)	87																○													
	ガラス施工(2級) [3年]																														
	塗装・木工塗装・木工塗装工(1級)	88																	○												
	塗装・木工塗装・木工塗装工(2級) [3年]																														
	建築塗装・建築塗装工(1級)	89																	○												
	建築塗装・建築塗装工(2級) [3年]																														
	金属塗装・金属塗装工(1級)	90																	○												
	金属塗装・金属塗装工(2級) [3年]																														
	噴霧塗装(1級)	91																	○												
	噴霧塗装(2級) [3年]																														
	路面標示施工	67																	○												
	畳製作・畳工(1級)	92																			○										
	畳製作・畳工(2級) [3年]																														
	内装仕上げ施工・カーテン施工・天井仕上げ施工・床仕上げ施工 表具・表具工・表装(1級)	93																			○										
	内装仕上げ施工・カーテン施工・天井仕上げ施工・床仕上げ施工 表具・表具工・表装(2級) [3年]	93																			○										
	熱絶縁施工(1級)	94																					○								
	熱絶縁施工(2級) [3年]																														
	建具製作・建具工・木工【注6】・カーテンウォール施工・サッシ施工(1級)	95																									○				
	建具製作・建具工・木工【注6】・カーテンウォール施工・サッシ施工(2級) [3年]																														
	造園(1級)	96																							○						
	造園(2級) [3年]																														
	防水施工(1級)	97																		○											
	防水施工(2級) [3年]																														
	さく井(1級)	98																								○					
	さく井(2級) [3年]																														

※ 平成15年度以前の職業能力開発促進法に基づく2級の技能検定に合格された方は，合格後当該業種の建設工事に関し1年以上の実務経験が必要となります。

			土	建	大	左	と	石	屋	電	管	タ	鋼	筋	ほ	しゅ	板	ガ	塗	防	内	機	絶	通	園	井	具	水	消	清	解
水道法	給水装置工事主任技術者 [1年]	65									○																				

地すべり防止工事士			[1年]	61					○																			○					
地すべり防止工事士(みなし解体資格)			[1年]	6A					○																			○					☆
登録基礎ぐい工事試験				40					○																								
建築設備士			[1年]	62								○	○																				
1級計装士			[1年]	63								○	○																				
登録解体工事試験				60																													○
基幹技能者	種目	登録電気工事基幹技能者		36																					○								
		登録橋梁基幹技能者							○																								
		登録造園基幹技能者																															
		登録コンクリート圧送基幹技能者							○																								
		登録防水基幹技能者																					○										
		登録トンネル基幹技能者							○																								
		登録建設塗装基幹技能者																				○											
		登録左官基幹技能者						○																									
		登録機械土工基幹技能者							○																								
		登録海上起重基幹技能者																	○														
		登録PC基幹技能者							○							○																	
		登録鉄筋基幹技能者														○																	
		登録圧接基幹技能者														○																	
		登録型枠基幹技能者					○																										
		登録配管基幹技能者																															
		登録鳶・土工基幹技能者							○																								
		登録切断穿孔基幹技能者							○																								
		登録内装仕上工事基幹技能者																						○									
		登録サッシ・カーテンウォール基幹技能者																											○				
		登録エクステリア基幹技能者							○	○				○																			
		登録建築板金基幹技能者									○								○														
		登録外壁仕上基幹技能者						○														○	○										
		登録ダクト基幹技能者																															
		登録保温保冷基幹技能者																								○							
		登録グラウト基幹技能者							○																								
		登録冷凍空調基幹技能者																															
		登録運動施設基幹技能者							○																								
		登録基礎工基幹技能者							○																								
		登録タイル張り基幹技能者											○																				
		登録標識・路面標示基幹技能者							○													○											
		登録消火設備基幹技能者																													○		
		登録建築大工基幹技能者					○																										
		登録硝子工事基幹技能者																			○												
その他				99																													

●/■/★・・・特定（法第15条第2号イ）の資格を有するもの　○/□/☆・・・一般（法第7条第2号ハ）の資格を有するもの　（注）特定の資格を有するものは一般の資格も有する。
□■・・・平成28年度以降に合格した者，又は平成27年度以前に合格して解体工事に関する実務経験1年以上又は登録解体工事講習の受講をした者。
（技術士法に基づく資格にあっては，資格取得日に関わらず解体工事に関する実務経験1年以上又は登録解体工事講習の受講が必要）
☆★（みなし解体資格）・・・平成27年度以前に合格した者（平成33年3月31日まで有効）
網掛けしてある業種は，指定建設業種なので，特定建設業の許可の場合，実務経験等ではなく専任技術者は●/■/★の資格を有しているものでなければならない。

【注1】とび・とび工（2級）：合格後3年間の実務経験が，解体工事に関するものであればコード「57」，とび・土工工事に関するもの（ただし，平成28年5月31日までの経験に限る）であればコード「5B」となる。
【注2】配管：職業訓練法施行令の一部を改正する政令（昭和48年政令第98号。以下「改正政令」といいます。）による改正後の配管とするものにあっては，選択科目を「建築配管作業」とするものに限られます。
【注3】鉄工：昭和60年改正政令による改正後の鉄工とするものにあっては，選択科目を「製缶作業」又は「構造物鉄工作業」とするものに限られます。
【注4】鉄筋施工：改正政令による改正後の鉄筋施工とするものにあっては，選択科目を「鉄筋施工図作成作業」及び「鉄筋組立て作業」とするものの双方に合格した者に限られます。
【注5】板金・板金工：屋根工事業の有資格者として認められるのは，改正政令による改正後の板金又は板金工とするものにあっては，選択科目を「建築板金作業」とするものに限られます。
板金工事業の有資格者となる場合にはこの様な選択科目の限定はありません。
【注6】木工：改正政令による改正後の木工とするものにあっては，選択科目を「建具製作作業」とするものに限られます。

主な国家資格等についての問合せ先

資格名称	実施機関（問合せ先）
建設機械施工技士	（一社）日本建設機械施工協会 〒105-0001　東京都港区芝公園３－５－８　機械振興会館内 電話　03－3433－1575　URL http://www.jcmanet.or.jp/jcma/
土木施工管理技士 管工事施工管理技士 造園施工管理技士	（一財）全国建設研修センター 〒187-8540　東京都小平市喜平町２－１－２ 電話　042－300－6860（土木試験課）　URL　http://www.jctc.jp/ 電話　042－300－6855（管工事試験課） 電話　042－300－6866（造園試験課）
建築施工管理技士 電気工事施工管理技士	（一財）建設業振興基金 〒105-0001　東京都港区虎ノ門４－２－12　虎ノ門4丁目MTビル2号館内 電話　03－5473－1581　URL　http://www.fcip-shiken.jp/
技術士	（公社）日本技術士会　技術士試験センター 〒105-0001　東京都港区虎ノ門４－１－20　田中山ビル8F 電話　03－3459－1333　URL　http://www.engineer.or.jp/
技能士	宮城県職業能力開発協会 〒981-0916　仙台市青葉区青葉町16－１ 電話　022－271－9260
登録解体工事講習	（一財）全国建設研修センター 〒187-8540　東京都小平市喜平町２－１－２ 電話　042－300－6860（土木試験課）　URL　http://www.jctc.jp/ 電話　042－300－6855（管工事試験課） 電話　042－300－6866（造園試験課） （公財）全国解体工事業団体連合会 〒104－0032　東京都中央区八丁堀４－１－３ 電話　03-3555-2196

として「10年以上の実務経験」があれば、実務経験のある業種の専任技術者になることができます。

つまり、資格がなくても、大工工事の職人さんとして10年以上現場での実務経験があれば、一定以上の技術的な裏づけがある、と見なされるということです。

c 指定学科を卒業後、高校、中等教育学校、1年制専門学校等の場合は5年以上の実務経験を有する者

実務経験が10年に満たない場合でも、高校、中等教育学校、1年制専門学校（以下「高校等」といいます）で指定学科（図表3の技術者の指定学科表）を卒業後、5年以上の実務経験があれば、専任技術者になることができます。指定学科は業種ごとに分かれており、図表3に記載のある通りですが、学科名が学校によりそれぞれ違う場合があるので、事前に申請する担当窓口に確認された方が間違いありません。まず指定学科に該当するかどうかは、卒業した学校に問い合わせて「卒業証明書」と「履修科目証明書」を取り寄せるところから始まります。

d 指定学科を卒業後、大学（短期大学、高等専門学校、旧専門学校を含む）、2年制専門学校の場合は3年以上の実務経験を有する者

同じく実務経験が10年に満たない場合でも、大学（短期大学、高等専門学校、旧専門学校を含む）、2年制専門学校（以下「大学等」といいます）で指定学科（図表3）を卒業後、3年以上の実務経験があれば、専任技術者になることができます。指定学科は業種ごとに分かれており、学科名が学校によりそれぞれ違う場合があるので、事前に申請する担当窓口に確認されたほうが間違いありません。

〔図表３　技術者の指定学科表〕

技術者の資格(指定学科 表

許可を受けようとする建設業	学科
土木工事業、舗装工事業	土木工学(農業土木、鉱山土木、森林土木、砂防、治山、緑地又は造園に関する学科を含む。以下この表において同じ。 、都市工学、衛生工学又は交通工学に関する学科
建築工事業、大工工事業 ガラス工事業、内装仕上工事業	建築学又は都市工学に関する学科
左官工事業、とび・土工工事業 石工事業、屋根工事業 タイル・れんが・ブロック工事業 塗装工事業、解体工事業	土木工学又は建築学に関する学科
電気工事業、電気通信工事業	電気工学又は電気通信工学に関する学科
管工事業、水道施設工事業 清掃施設工事業	土木工学、建築学、機械工学、都市工学又は衛生工学に関する 学科
鋼構造物工事業、鉄筋工事業	土木工学、建築学又は機械工学に関する学科
しゅんせつ工事業	土木工学又は機械工学に関する学科
板金工事業	建築学又は機械工学に関する学科
防水工事業	土木工学又は建築学に関する学科
機械器具設置工事業、消防施設工事業	建築学、機械工学又は電気工学に関する学科
熱絶縁工事業	土木工学、建築学又は機械工学に関する学科
造園工事業	土木工学、建築学、都市工学又は林学に関する学科
さく井工事業	土木工学、鉱山学、機械工学又は衛生工学に関する学科
建具工事業	建築学又は機械工学に関する学科

高校等、大学等いずれの場合でも、必要になる実務経験の期間がぐっと短縮されるので、自社に国家資格者などが不在で実務経験による建設業許可取得をお考えの場合は、まず最初に「必要な実務経験の期間を短縮できないか、職人さんの中で工業高校や工科大学などを卒業した人がいないか」を調べてみることをおすすめします。

e 指定学科に関し、旧実業学校卒業程度検定合格後5年以上、旧専門学校卒業程度検定合格後3年以上の実務経験を有するもの

実際に実業学校や専門学校を卒業していない場合で、卒業と同等の学力があることの検定試験に合格した場合、やはり必要になる実務経験の期間が短縮されます。

高校等、大学等の指定学科卒業と同じように、必要な実務経験の期間が短縮されるので、該当する職人さんなどがいる場合には、この確認を優先するとよいでしょう。

f その他、国土交通大臣かが個別の申請に基づき認めた者

規定上存在するものの、あまりにも専門的で例外的な部分なので本書では割愛します。

(2)特定建設業の場合

a 国家資格などを取得していること

該当する国家資格などについては、図表2にまとめていますのでご確認ください。図表2のうち黒塗り印がついている業種について、専任技術者になれるという意味です。

資格名に記載があるものは専任技術者として要件に該当しますが、大部分の民間資格や一般企業の職長教育など、図表２に記載のない資格については、建設業許可の手続上は使用できませんので、ご注意ください。

b　一般建設業の専任技術者のうちa～eに該当し、かつ元請として2年以上の指導監督的実務経験を有するもの

一般建設業の専任技術者として実務経験等がある技術者について、その他に「4，５００万円以上の元請工事について指導監督的実務経験が２年以上」あると、特定建設業の専任技術者になることができます。この4，５００万円以上の基準は、昭和59年10月以前の工事は1，５００万円以上でよく、昭和59年以降平成６年12月までの期間の工事は3，０００万円以上でよいです。

これら一定以上の請負金額の工事に、工事現場主任者や工事現場監督者のような資格で工事の技術面を総合的に指導監督した経験が2年以上あれば、指導監督的実務経験を有するとして、特定建設業の専任技術者になることができます。

c　その他、国土交通大臣が個別の申請に基づき認めた者

規定上存在するものの、あまりにも専門的で例外的な部分なので本書では割愛します。

(注)指定建設業といわれる7業種(土木工事業、建築工事業、電気工事業、管工事業、鋼構造物工事業、舗装工事業、造園工事業）については、ｂの「指導監督的実務経験」で専任技術者になることができません。一級の国家資格保持者（つまり特定建設業ａに該当する技術者）でなければなりません。

6　財産的基礎

他の4つの要件は建設業許可を取得後、許可を維持している期間を通じてクリアしている必要がありますが、財産的基礎は、常時必要だということではなく、あくまでも申請段階でこの金額以上の資産があるかどうか、で判断されることになります。一般建設業と特定建設業とでは、財産的基礎の基準が違います。

(1) 一般建設業の場合

一言で表すと、「500万円以上の資産があるか」ということになります。具体的には次のいずれかの基準をクリアすることが必要です。

a 自己資本が500万円以上あること

自己資本を会計上の言葉で詳しく分析すると難しいので、会社の決算書を確認してみましょう。決算書のうち「貸借対照表」というページがあるはずですが、この貸借対照表の右下に「純資産の部」という項目があります。純資産の部に計上されている数字が最後に合計されて、「純資産合計」という金額がありますが、建設業許可取得の際には、この「純資産合計」が「自己資本」と読み替えていただいて結構です。

つまり、直近の決算書（現段階で確定している一番新しい決算）の純資産が５００万円以上になっていれば、財産的基礎の要件はクリアしています。

勘違いしやすい部分で、「資本金」が５００万円以上でなければならないと理解してしまっている方がよくいらっしゃいます。資本金ではなく「決算書の純資産」と覚えてください。

b　５００万円以上の資金調達能力があること

直近の決算書で純資産が５００万円以下だったら、次の決算まで待たなければならないのではなく、５００万円以上資金調達することができる（つまり、５００万円を手元に用意できる）ことを証明すれば、やはり財産的基礎の要件をクリアすることになります。具体的には、金融機関からの融資可能証明書（金融機関により名前は違います）や、自社の銀行預金口座の残高証明書などを提出して、５００万円以上の資金調達能力を証明することがあります。

ただし、この「資金調達能力がある」ことを証明する方法は、申請する都道府県等（国交省、各都道府県）により取扱いが様々なので、事前に申請先窓口に問合せして確認するとよいでしょう。

c　直前5年間許可を受けて継続して営業した実績のあること

建設業許可は5年ごとに更新する必要があります。5年1区切りですが、過去に5年間以上継続して許可を受けて営業している事業者は、建設工事の請負について一定以上の資産を維持しているだろうことから、5年以上継続して許可を維持していれば、財産的基礎の要件をクリアしていると見なされます。

(2) 特定建設業の場合

特定建設業という制度をつくっている目的は下請業者保護です。大型案件で下請業者が請負代金をスムーズに受け取れない事態を避けるために、特定建設業者には、財産的基礎の要件のハードルが上がっています。次のすべての基準をクリアしている必要があります。

- **欠損比率が20％以下であること**
- **流動比率が75％以上であること**
- **資本金が2，000万円以上であること**
- **自己資本が4，000万円以上あること**

「資本金が2，000万円以上であること」と「自己資本が4，000万円以上であること」は比較的理解しやすい内容ですが、欠損比率20％以下、流動比率75％以上という部分は、いかにも専門的でややこしそうです。特定建設業のクリアすべき財産的基礎は、前記基準のすべてを直近の決算でクリアしている必要があるため、特定建設業を取得しようとする場合、決算前から顧問税理士などと相談しながら対策する必要があるでしょう。

7 その他の要件

「誠実性」については、申請者が請負契約などに関して不正や不誠実な行為をすることが明らかな場合には建設業許可を取得できないという規定ですが、具体的には、建設業法、建築士法、宅地建物取引法等で「不正な行為」または「不誠実な行為」を行ったことにより、免許等の取消処分や営業の停止等の処分を受けて5年を経過しない事業者は、誠実性のない者として取り扱われることになります。

「欠格要件」については、許可申請書や添付書類などに虚偽の記載をした場合や、法人の役員など（取締役だけでなく、執行役員や相談役、顧問、５％以上の株主などかなり広い意味です）が次の項目に該当する場合です。

- 成年被後見人若しくは被保佐人または破産者で復権を得ない者
- 不正の手段で許可を受けたこと等により，その許可を取り消されて5年を経過しない者
- 許可の取り消しを逃れるために廃業の届出をしてから5年を経過しない者
- 建設工事を適切に施工しなかったために公衆に危害を及ぼしたとき等、または請負契約に関し不誠実な行為をしたこと等により営業の停止を命ぜられ，その停止の期間が経過しない者
- 禁固以上の刑に処せられその刑の執行を終わり、またはその刑の執行を受けることがなくなった日から5年を経過しない者
- 建設業法、建築基準法、労働基準法等の法令、または暴力団員による不当な行為の防止に関する法律の規定に違反し、または刑法等の一定の罪を犯し罰金刑に処せられ、刑の執行を受けることがなくなった日から5年を経過しない者

ご質問が多い部分ですが、「破産者で復権を得ない者」というものがあります。以前営んでいた会社が不幸にも倒産してしまい、個人破産した社長が再起を図る場合に、「自分は以前破産したから許可を受けられないのではないか」というご質問をいただきますが、大丈夫な場合が多いです。一般的に個人破産はセットで「免責決定」まで手続を進める場合が多いのですが、裁判所から出されるこの「免責決定」が「復権」にあたるものです。破産などのご経験がある場合、この「免責決定」まで手続を進めているかどうか、よく資料等を確認してみてください。

また　何らかの事情で刑事罰を受け、同時に執行猶予がついている場合のご質問も多いです。執行猶予が開ければ（つまり執行猶予期間が満了すれば）、その時点で建設業許可の欠格要件には該当しません。つまり許可を受けられるようになります。執行猶予満了から5年経過、ではありませんのでご注意ください。

「自己破産」や「刑事罰」という言葉には、ネガティブな印象があるように思います。ですが、私は年間数百人の経営者や経営層、元経営者、これから経営者になる方にお会いするので、これらの言葉にネガティブなイメージを持つことは全くありません。

事業をしていれば不可抗力的な理由（取引先の急な倒産、想定外の事故など）によって経営者が自己破産するケースは珍しいものではありません。日本では（現在は少し改善しているものの）会社の借入に社長の個人連帯保証を求められるケースが殆どで、会社の倒産と代表者個人の自己破産がイコールになっているからです。

第3章　建設業許可取得のスケジュールと建設業許可申請書類作成ガイド

1　建設業許可取得のスケジュール

許可取得までの期間は大体3ヶ月（大臣許可は6ヶ月）

建設業許可の要件を確認したところで、スケジュールを組みましょう。外部に依頼せず自社で許可申請の手続をする場合、スタートから建設業許可が取得できるところまで、都道府県知事許可では概ね3ヶ月程度でゴールすれば、非常にいいペースだと言えると思います。

仮に春先の4月1日くらいから準備を始めた場合、初夏に入る頃、7月初旬くらいに許可証がお手元に来るようなイメージです。

建設業許可などの「許認可」と呼ばれる手続には、申請後必ず担当官庁での審査期間が存在します。建設業許可の場合はどの都道府県等でも概ね1ヶ月程度（都道府県知事の場合）なので、申請準備から申請書の提出までが2ヶ月くらい、その後審査期間を経て許可証が交付されるまでが1ヶ月くらいです。

大臣許可の場合は、この審査期間が3ヶ月～4ヶ月くらいかかる場合もあります。営業所の数が増えれば、申請内容のチェックにかかる時間も増えるため、準備期間も審査期間も長期化する傾向にあります。大臣許可を検討されている場合には、なるべく余裕を持ったスケジュールで動き始めることが重要です。

行政書士に依頼すると取得までの期間は短くて済む

私は行政書士という仕事をしており、建設業許可の取得をお手伝いすることはメイン業務の1つです。都道府県知事許可を取得する場合の許可まで3ヶ月という期間（大臣許可の場合は6ヶ月程度）は、行政書士に依頼すると短くできるでしょうか？　おそらく、短くできると思います。ただし、この期間が1ヶ月になったり、1週間になったり、ということは絶対に不可能です。

行政書士だからといって担当官庁での審査期間が短くなるということはありませんし（あったら却って困ります。不公平ですから）、ご依頼いただいて申請のお手伝いをする以上、しっかり依頼者である事業者のお話を伺った上で、会社の様態を理解し、依頼者に合ったかたちの建設業許可を取得できるようお手伝いする必要があるので、それなりに時間をかけて準備をすることになります。

その代わり、私達は専門業者なので、正しい知識を基に依頼者に合った許可申請の方針をお示ししたり、レアケースの案件にも豊富なノウハウがあるので、自社の状況から「うちでは許可は無理だな…」という状況でも、ご依頼いただくことで建設業許可を取得できるというケースは非常によくあります。

スピード感や適法性、ノウハウの蓄積などの点から、建設業許可専門の行政書士に相談してみるというのは、お金の無駄にはならないと私は考えています。

日本中どの地域にも、「建設業許可が得意な地元の行政書士」がいるはずです。ご自身でチャレンジしてうまくいかない場合や時間がない場合、ご相談されるのも1つです。

2　建設業許可申請書類作成ガイド

まず取得すべき許可の種類を確認しよう

建設業許可には第2章で見たように、全部で4種類の申請のかたちが考えられます。自社の事業に照らし合わせて、最も合った許可を取得する必要があります。それぞれの種類についてまとめると、次のようになります。

a「大臣許可」の「特定建設業」

建設業を営む営業所が都道府県をまたいで複数あり、更に元請業者として、1件の工事あたりの下請発注金額が4，000万円（建築一式工事は6，000万円）以上になる可能性がある場合には、この「大臣許可」＋「特定建設業」を選択することになります。

各地方全域、日本全域を営業エリアにする施工業者や、主に工事監理等をメインに広い商圏で営業展開する事業者向けの類型と言えると思います。

これまで見てきた通り、大臣許可を取得する場合には都道府県をまたいで複数の営業所があること、特定建設業の場合には資産要件と専任技術者の要件に加重があることから、「大臣許可」＋「特定建設業」は最もハードルが高い種類になります。

新規申請時から「大臣許可」＋「特定建設業」に社内体制が届かない場合には、ひとまず「大臣許可」の「一般建設業」や「県知事許可」の「特定建設業」を取得した上で、次のステップとして「大臣許可」＋「特定建設業」を目指すということも可能です。

b 「大臣許可」の「一般建設業」

建設業を営む営業所が都道府県をまたいで複数あり、更に元請業者として、１件の工事あたりの下請発注金額が４，０００万円（建築一式工事は６，０００万円）以上になる見込みがない、あるいは元請業者であっても、工事のほとんどを自社施工するという場合には、この「大臣許可」＋「一般建設業」を選択することになります。営業エリアが広域にまたがる施工業者や、地方に本社があり首都圏などに支店を設けて商圏を広げていきたい事業者向けの類型と言えます。専任技術者の配置に関する要件は、特定建設業より若干緩やかになるので、「大臣許可」＋「特定建設業」に進む前のステップとして、この「大臣許可」＋「一般建設業」を取得するケースも多いです。

c 「知事許可」の「特定建設業」

建設業を営む営業所が１つの都道府県の中だけにあり、１件の工事あたりの下請発注金額が４，０００万円（建築一式工事は６，０００万円）以上になる可能性がある場合には、この「知事許可」＋「特定建設業」を選択することになります。なお、１つの都道府県の中に複数の営業所がある場合でも、知事許可を取得することになります。

地域に根ざした元請業者、今後大規模工事を元請で契約する見込みがある事業者向けの類型です。

d「知事許可」の「一般建設業」

建設業を営む営業所が1つの都道府県の中だけにあり、更に元請業者として、1件の工事あたりの下請発注金額が4，000万円（建築一式工事は6，000万円）以上になる見込みがない、あるいは元請業者であっても、工事のほとんどを自社施工するという場合には、この「知事許可」+「一般建設業」を選択することになります。私たちがご相談を受ける中で一番多い類型がこの「知事許可」+「一般建設業」です。最もスタンダードで基礎的な類型と言えると思います。

大臣許可や特定建設業は要件のハードルが高いため、最初は「知事許可」+「一般建設業」を取得し、会社の成長や職員さんの整備などにより次のステップを目指すほうが、建設業許可取得までのハードルは下がるかもしれませんし、そもそも会社さんの事業内容によっては、この「知事許可」+「一般建設業」だけで十分で、これ以上の類型は必要ないというケースのほうが多いかもしれません。

集めるべき資料を確認する

建設業許可の申請をするには、許可申請書を作成して担当官庁に提出することになりますが、申請書は複数の書類が組み合わさってできています。都道府県や各地域の地方整備局など（大臣許可の申請先です）により細かい部分で違いがありますが、標準的なモデル一覧が図表４（建設業許可申請書類一覧）になります。ご覧いただいておわかりのように、相当なボリュームがありますね。

これらのうち、「様式」と記載のあるものはすべて全国統一で、行政庁が作成した申請書のフォーマットに必要情報を記入していく種類のものです。その他、各種の証明書や確認資料を添付して、１件の申請書を組み上げていく作業をします。

〔図表４　建設業許可申請書類一覧〕

法定書類	様式第１号	建設業許可申請書
	別紙一	役員等一覧表
	別紙二(1)	営業所一覧表(新規許可等)
	別紙二(2)	営業所一覧表(更新)
	別紙三	収入印紙、又は登録免許税領収証書はり付け欄
	別紙四	専任技術者一覧表
	第２号	工事経歴書
	第３号	直前３年工事施工金額
	第４号	使用人数
	第６号	誓約書
		登記されていないことの証明書
		身分証明書
	第７号（又は第７号の２）	常勤役員等証明書
	別紙（又は別紙１,２）	常勤役員等の略歴書
	第７号の３	健康保険等の加入状況
	第８号	専任技術者証明書(新規・変更)
		合格証・実務経験証明書・監理技術者資格者証等
	第11号	令３条の使用人の一覧表
	第12号	役員等の住所、生年月日の調書
	第13号	令３使用人の住所、生年月日の調書
		定款
	第14号	株主(出資者)調書
	第15～17号の３ ※個人事業者の場合は 第18・19号	貸借対照表
		損益計算書・完成工事原価報告書
		株主資本等変動計算書
		注記表
		附属明細表（注５）（不要な場合があります）
		履歴事項全部証明書(商業登記簿謄本)
	第20号	営業の沿革
	第20号の２	所属建設業者団体
		納税証明書
	第20号の３	主要取引金融機関名
確認資料	経管	常勤性
		経験
	専技	常勤性
		経験(実務経験、指導監督的実務経験の場合のみ)
	令３	常勤性
		権限
	保険	健康保険・厚生年金
		雇用保険
	営業所	賃貸契約書等
		写真等

⑴様式

行政庁が作成した申請書のフォーマットです。様式第一号から様式第二十の四号まであり、申請先の担当官庁のホームページなどからダウンロードするか、地域によっては書式を販売されているものを購入して作成する決まりになっている都道府県等もあるようです。

⑵証明書

申請書には様式の他に、公的機関が発行する各種証明書類を添付することになります。これらのうち、法人の役員等の「登記されていないことの証明書」と「身元（身分）証明書」は普段取得することの少ない書類なので、戸惑われるかもしれません。遠隔地に郵送請求しなければならない場合もありますので、早めに取得されるとよいでしょう。

なお、建設業許可に限らず、公的機関の発行する各証明書の有効期限は３ヶ月です。発行日から３ヶ月以上経過した証明書は使用できませんので、申請できるタイミングと証明書を取得するタイミングを合わせて、二度手間がないようにするとよいでしょう。

⑶確認資料

確認資料は、主に経営業務の管理責任者の経営経験、専任技術者の実務経験、経営業務の管理責任者と専任技術者が常勤であること、財産的基礎、保険加入状況などを証明するための裏づけとなる書類のことです。申請書に記載されているこれらの情報が、「客観的に正しいか」どうかを、確認資料を使って裏づけていくことになります。

実は、建設業許可を取得する一連の作業の中で一番骨の折れる作業になるのが、おそらくこの確認資料の部分です。５年以上の経営経験がある、10年以上の実務経験がある、などということが過去の事実であったとしても、これを口頭での説明などではなく、行政庁に「客観的に正しい」事実として提示する必要があるため、書面上確認できる客観的な資料を用意する必要があります。

詳しくはこれ以降見ていきますが、確認資料の中には、社長や従業員さんが過去に在籍した会社から出してもらう必要がある書類であったり、現段階で手元にないもので新たにつくらなければならない書類などが含まれる可能性があるので、しっかりした準備が必要になりますし、過去に在籍した会社などから協力が得られるよう、日頃から良好な関係を築くように気をつけたいものです。

申請書の見方と書き方

具体的な申請書の見方と、書き方を解説します。なお、法定の「様式」は様式第一号から様式第二十の四号までですが、都道府県により独自様式を定めている場合があり、これも合わせて提出しないと受付してくれない場合がありますので、必ず申請先の担当窓口などで発行している申請の手引きなどを確認するようにしてください。

役所に提出する法定の書類は、細かく書き方などが決められており、慣れないと非常にやりにくいものですが、自由な書き方をしても受付してもらえません。「そういうもの」と割り切って、決められた通りの書き方をすることが大切です。

なお、建設業許可の申請書は、業法上「閲覧可能な資料」ということになっています。個人のプライバシーに関する情報などは、都道府県等ごとの決まりにより閲覧できない情報になる場合もありますが、申請書記載の情報は基本的にすべて、「見たい人が正しい手続をとって見ようと思えば誰でも見られる」ということにご注意ください。

都道府県等によっては、閲覧（書類を見ること）の他に謄写の請求（コピーを取ること）も可能な場合がありますので、申請書に書かれた情報は一般の市民にも見られる可能性があるという前提で作成するようにしてください（閲覧させない方法はありません。絶対に見られたくない！　という会社さんは、残念ながら建設業許可取得を諦めるしかありません）。

様式第一号　建設業許可申請書［図表5］

様式には「項番」というものが割り振られている項目があります。それぞれの項番に、該当する内容を記入していくことになります。

項番1～項番3は、行政庁記入欄なので、空欄のままで結構です。

項番4は、「許可を受けようとする建設業」に番号を入力します。一般建設業の場合は「1」を、特定建設業の場合は「2」を記入します。

項番5は、「申請時において既に許可を受けている建設業」があれば、ここに記入します。同じく一般建設業の場合は「1」を、特定建設業の場合は「2」を記入します。全くの新規申請で、現在お持ちの建設業許可がない場合は空欄のままで結構です。

項番6は、「商号または名称のフリガナ」をカタカタで記入します。マスに分かれているので、1マスに一文字ずつ記入します。このとき、法人格（株式会社や有限会社、合同会社、事業協同組合など）は記入しません。

項番7は、「商号または名称」を記入します。法人格は（株）や（有）などのように、省略して記入することになります。法人の場合は履歴事項全部証明書のとおり、個人事業の場合は住民票のとおりに正確に記入します。

項番8は、「代表者または個人の氏名のフリガナ」を記入します。商号または名称と同様、カタカナでマスに一文字ずつ記入するようにします。名字と名前の間は1文字空欄にします。

項番9は、「代表者または個人の氏名」を記入します。こちらも履歴事項全部証明書、住民票のとおりに正確に、名字と名前の間を1文字空欄にします。

項番10は、「主たる営業所の所在地市町村コード」を記入します。市町村コードは耳慣れない言葉ですが、本店のある都道府県のホームページ等に掲載されているはずなので、ご確認ください。また、項番10以降に実際の都道府県、市区町村名を記入します。

項番11は、「主たる営業所の所在地」を記入します。都道府県と市区町村は既に項番10で記入しているので、市区町村以降のみ記入するようにしてください。また、正確な所在地にビル名などが入る場合は、省略せずに記入するようにしてください。

項番12は、郵便番号、電話番号、ファックス番号を記入します。電話番号が複数ある場合は、登録情報として担当官庁で管理される番号になるので、主たる営業所（本社）の常につながる正式な番号を記入してください。

項番13の「法人または個人の別」には、申請者（自社）が法人の場合は「1」を、個人事業の場合は「2」を記入してください。

項番14の「兼業の有無」には、兼業がある場合は1を、ない場合には「2」を記入してください。このときの兼業は「建設業許可の立場から見た場合」で有無を分けます。つまり、会社の売上全体に占める割合では建設業に関するもののほうが少ない場合でも、建設業許可の立場からは建設業が主で、建設業以外の事業が兼業になります。「建設業以外に行っている営業の種類」には、兼業のうち代表的なものを記入します（例：運送業、産廃業、不動産業など）。

項番15～項番16は、現段階で既にお持ちの許可がある場合で、大臣許可から知事許可、知事許可から大臣許可などに変更する場合に記入します。お持ちの許可がない場合には空欄で結構です。

最下段の「連絡先」については、建設業許可の事務処理を担当される方の部署、お名前等を記載することが多いようです。大企業の場合は総務部の担当部署、ご担当者等を記載する場合が多いようですが、代表者のお名前と代表番号を記入してももちろん結構です。

〔図表５　様式第一号 建設業許可申請書〕

様式第一号（第二条関係）

（用紙Ａ４）
00001

建　設　業　許　可　申　請　書

この申請書により、建設業の許可を申請します。
この申請書及び添付書類の記載事項は、事実に相違ありません。

令和　　年　　月　　日

地方整備局長
北海道開発局長
知事　殿

申請者 ＿＿＿＿＿＿＿＿

行政庁側記入欄

項目	項番	記入欄
許可番号	01	大臣／知事コード　国土交通大臣／知事 許可（般／特－　）第　　号　許可年月日 令和　年　月　日
申請の区分	02	（1.新規　2.許可換え新規　3.般・特新規　4.業種追加　5.更新　6.般・特新規＋業種追加　7.般・特新規＋更新　8.業種追加＋更新　9.般・特新規＋業種追加＋更新）　許可の有効期間の調整（1.する　2.しない）
申請年月日	03	令和　年　月　日
許可を受けようとする建設業	04	土 建 大 左 と 石 屋 電 管 タ 鋼 筋 舗 しゅ 板 ガ 塗 防 内 機 絶 通 園 井 具 水 消 清 解
申請時において既に許可を受けている建設業	05	（1.一般　2.特定）
商号又は名称のフリガナ	06	
商号又は名称	07	
代表者又は個人の氏名のフリガナ	08	
代表者又は個人の氏名	09	支配人の氏名
主たる営業所の所在地市区町村コード	10	都道府県名　市区町村名
主たる営業所の所在地	11	
郵便番号	12	－　電話番号　ファックス番号
法人又は個人の別	13	（1.法人　2.個人）　資本金額又は出資総額（千円）　法人番号
兼業の有無	14	（1.有　2.無）　建設業以外に行っている営業の種類
許可換えの区分	15	（1．大臣許可→知事許可　2．知事許可→大臣許可　3．知事許可→他の知事許可）
旧許可番号	16	大臣／知事コード　国土交通大臣／知事 許可（般／特－　）第　　号　旧許可年月日 令和　年　月　日

役員等、営業所及び営業所に置く専任の技術者については別紙による。

連絡先

所属等＿＿＿＿　氏名＿＿＿＿　電話番号＿＿＿＿

ファックス番号＿＿＿＿

別紙一　役員等の一覧表［図表6］

役員等氏名、役職名、常勤非常勤の別を記入します。記入する役員等の範囲は、履歴事項全部証明書に記載のある「登記上の役員」だけでなく、顧問、相談役、議決権の5／100以上を有する株主等も記入することになります。法人が出資している場合（株主が法人の場合）は、記入する必要がありません。

別紙二(1)　営業所一覧表（新規許可等）［図表7］

営業所に関する情報を記入します。営業所が1ヶ所しかない場合でも記入し、提出する必要があります。大臣許可などの場合で営業所が複数あり、用紙に記入しきれない場合は、複数ページを作成しても構いません。

項番81～項番82は、行政庁記入欄なので、空欄のままで結構です。

項番83は、「主たる営業所の名称」には、「本店」などを記入します。「営業しようとする建設業」には、一般建設業の場合は「1」を、特定建設業の場合は「2」を記入します。この業種は、配置されている専任技術者で取得できる許可業種である必要があります。

項番84は、「従たる営業所の名称」を記入します。「麹町営業所」や「静岡支店」など、実際に自社で使用する名称と合わせて記入すると、以降の管理が煩雑にならずに済むでしょう。

項番85は、「従たる営業所の所在地市町村コード」を記入します。項番85以降に実際の都道府県、

〔図表６　別紙一役員等の一覧表〕

別紙一

役　員　等　の　一　覧　表

平成　　年　　月　　日

役員等の氏名及び役名等		
氏《フリ》　　名《カナ》	役　名　等	常勤・非常勤の別

1　法人の役員、顧問、相談役又は総株主の議決権の100分の５以上を有する株主若しくは出資の総額の100分の５以上に相当する出資をしている者（個人であるものに限る。以下「株主等」という。）について記載すること。
2　「株主等」については、「役名等」の欄には「株主等」と記載することとし、「常勤・非常勤の別」の欄に記載することを要しない。

〔図表7　別紙二（1）営業所一覧表（新規許可等）〕

別紙二（1）　　　　　　　　　　　　　　　　　　　　　　　　　　（用紙Ａ４）

営業所一覧表（新規許可等）

行政庁側記入欄

区　　分	項番 8 1　1	大臣／知事 コード
許可番号	項番 8 2	国土交通大臣／知事 許可（般／特－　）第　　号　許可年月日 平成　年　月　日

（主たる営業所）

主たる営業所の名称		フリガナ
営業しようとする建設業	8 3	土 建 大 左 と 石 屋 電 管 タ 鋼 筋 舗 しゅ 板 ガ 塗 防 内 機 絶 通 園 井 具 水 消 清 解　（1．一般　2．特定）
変更前		

（従たる営業所）

	従たる営業所の名称	8 4	フリガナ
内容	従たる営業所の所在地市区町村コード	8 5	都道府県名　　市区町村名
	従たる営業所の所在地	8 6	
	郵便番号	8 7	－　　　電話番号
	営業しようとする建設業	8 8	土 建 大 左 と 石 屋 電 管 タ 鋼 筋 舗 しゅ 板 ガ 塗 防 内 機 絶 通 園 井 具 水 消 清 解　（1．一般　2．特定）
	変更前		

（従たる営業所）

	従たる営業所の名称	8 4	フリガナ
内容	従たる営業所の所在地市区町村コード	8 5	都道府県名　　市区町村名
	従たる営業所の所在地	8 6	
	郵便番号	8 7	－　　　電話番号
	営業しようとする建設業	8 8	土 建 大 左 と 石 屋 電 管 タ 鋼 筋 舗 しゅ 板 ガ 塗 防 内 機 絶 通 園 井 具 水 消 清 解　（1．一般　2．特定）
	変更前		

市区町村名を記入します。

項番86は、「従たる営業所の所在地」を記入します。都道府県と市区町村は既に項番85で記入しているので、市区町村以降のみ記入するようにしてください。

項番87は、郵便番号、電話番号を記入します。

項番88は、「営業しようとする建設業」を記入します。この欄の「従たる営業所」で行う業種だけ記載します。一般建設業の場合は「1」を、特定建設業の場合は「2」を記入します。この業種は、配置されている専任技術者で取得できる許可業種である必要があります。

別紙二(2)（更新）［図表8］

建設業許可の有効期限は5年間なので、新規取得から5年後に更新の時期が来ます。別紙二(1)は新規許可取得時に、別紙二(2)は許可更新時に使用します。

更新申請の際には、新規許可取得のときから営業所に変更がない場合にはそのままの情報を、新規許可取得以降に営業所の所在地や営業しようとする業種に変更があった場合は、その変更内容を反映したものを記入します。

別紙三　収入印紙等貼り付け用紙［図表9］

建設業許可申請をする際、申請する区分などにより一定の費用がかかりますが、窓口で現金では

〔図表8　別紙二（2）（更新）〕

別紙二（2）　　　　（用紙A4）

営業所一覧表（更新）

<table>
<tr><td colspan="2" rowspan="2">営業所の名称</td><td rowspan="2">所在地（郵便番号・電話番号）</td><td colspan="2">営業しようとする建設業</td></tr>
<tr><td>特定</td><td>一般</td></tr>
<tr><td>主たる営業所</td><td></td><td></td><td></td><td></td></tr>
<tr><td rowspan="8">従たる営業所</td><td></td><td></td><td></td><td></td></tr>
<tr><td></td><td></td><td></td><td></td></tr>
<tr><td></td><td></td><td></td><td></td></tr>
<tr><td></td><td></td><td></td><td></td></tr>
<tr><td></td><td></td><td></td><td></td></tr>
<tr><td></td><td></td><td></td><td></td></tr>
<tr><td></td><td></td><td></td><td></td></tr>
<tr><td></td><td></td><td></td><td></td></tr>
</table>

1　「主たる営業所」及び「従たる営業所」の欄は、それぞれ本店、支店又は常時建設工事の請負契約を締結する事務所のうち該当するものについて記載すること。

2　「営業しようとする建設業」の欄は、許可を受けている建設業のうち左欄に記載した営業所において営業しようとする建設業を、許可申請書の記載要領6の表の（ ）内に示された略号により、一般と特定に分けて記載すること。

〔図表９　別紙三　収入印紙等貼り付け用紙〕

別紙三（第二条関係）

収入印紙、証紙、登録免許税領収証書又は許可手数料領収証書はり付け欄

記載要領

「収入印紙、証紙、登録免許税領収証書又は許可手数料領収証書はり付け欄」は、収入印紙、証紙、登録免許税領収証

書又は許可手数料領収証書をはり付けること。ただし、登録免許税法（昭和42年法律第35号）第24条の２第１項又は令第

４条ただし書の規定により国土交通大臣の許可に係る登録免許税又は許可手数料を現金をもつて納めた場合にあつて

支払いません。申請の区分により収入印紙、収入証紙、登録免許税納付などの方法で納めることになります。この様式には、申請の区分に応じた収入印紙、収入証紙などを貼り付け、申請時に手数料を納めます。どの区分でどういう納め方をするか、後ほどまとめます。

別紙四　専任技術者一覧表〔図表10〕

各営業所に配置する専任技術者について、所属する営業所、専任技術者の氏名、担当する建設工事の種類、有資格区分を記入します。

「営業所の名称」は別紙二(1)に記入した営業所の名称と一致するようにしてください。「専任技術者の氏名」は、資格証などと同じく正確に記入してください。

「建設工事の種類」と「有資格区分」には、土木一式工事や電気工事など、その専任技術者が担当する建設工事の種類を記載します。各工事については、土木一式工事については（土）、電気工事については（電）などの略号を使うことになっています（この略号は建設業許可の手続では全て共通です。図表11にまとめてあります）。合わせて「建設工事の種類」には、専任技術者がどういう区分で専任技術者として該当しているかを記入します。

図表12、図表13（専任技術者証明書における建設業の種類・有資格区分のコード番号表）記載のとおり、「建設工事の種類」と「有資格区分」に該当する工事の略号、番号を記入します。

〔図表 10　別紙四　専任技術者一覧表〕

別紙四

専任技術者一覧表

平成　　年　　月　　日

営業所の名称	専任の技術者の氏名《フリガナ》	建設工事の種類	有資格区分

〔図表 11　建設業の業種の略称〕

土木工事業（土）	鋼構造物工事業（鋼）	熱絶縁工事業（絶）
建築工事業（建）	鉄筋工事業（筋）	電気通信工事業（通）
大工工事業（大）	舗装工事業（舗）	造園工事業（園）
左官工事業（左）	しゅんせつ工事業（しゅ）	さく井工事業（井）
とび・土工工事業（と）	板金工事業（板）	建具工事業（具）
石工事業（石）	ガラス工事業（ガ）	水道施設工事業（水）
屋根工事業（屋）	塗装工事業（塗）	消防施設工事業（消）
電気工事業（電）	防水工事業（防）	清掃施設工事業（清）
管工事業（管）	内装仕上工事業（内）	解体工事業（解）
タイル・れんが・ブロック工事業（タ）	機械器具設置工事業（機）	

〔図表 12　専任技術者証明書におけるコード番号表（一般建設業）〕

一般建設業		建設業の種類（項番 64）	有資格区分（項番 65）
法第７条第２号	イ（指定学科卒業と実務経験）		01
	ロ（実務経験 10 年以上）	4	02
	ハ（国家資格者及び大臣特認）	7	※ （表２の白抜き及び黒塗のもの）

〔図表13　専任技術者証明書におけるコード番号表（特定建設業）〕

特定建設業			建設業の種類（項番64）	有資格区分（項番65）
法第15条第2号イ(国家資格者			9	●★■ 表23 黒塗353
法第15条第2号ロ （指導監督的実務経験）	法第（条第2号	6（指定学科卒業と実務経験	2	01
		8（実務経験10年以上	5	02
		7（国家資格者及4 大臣特認	）	○0 □ 表2の白抜きのもの
法第15条第2号ハ(大臣特認		同号イと同様	3	03
		同号ロと同様	6	04

例として、専任技術者が1級土木施工管理技士をお持ちで、土木一式工事の一般建設業を担当する場合、「建設工事の種類」には「土―7」、「有資格区分」には「13」を記入することになります。

様式第二号　工事経歴書［図表14］

申請する事業年度の直前の事業年度（決算が確定している事業年度）に完成した請負工事について記入します。元請工事と下請工事を分けず、許可申請しようとする業種ごとに、「とび・土工」「造園」「内装仕上」など用紙を分けて1業種ずつ記入します。

許可申請する業種のみつくればよく、許可を受けない業種については省いて結構ですが、許可を受けようとする業種については、実績がない場合でも「実績なし」などと記入して作成することになります。

何件くらい記入することになるか、実は申請先の都道府県等（国交省、都道府県）によりマチマチです。

〔図表 14　様式第二号　工事経歴書〕

様式第二号（第二条、第十九条の八関係）　　　　（用紙Ａ４）

工　事　経　歴　書

（建設工事の種類）＿＿＿＿＿＿＿＿工事　（　税込　・　税抜　）

注文者	元請又は下請の別	JVの別	工事名	工事現場のある都道府県及び市区町村名	配置技術者 氏名	配置技術者 主任技術者又は監理技術者の別（該当箇所にレ印を記 主任技術者	監理技術者	請負代金の額	うち、［・PC・法面処理・鋼橋上部］	工期 着工年月	工期 完成又は完成予定年月
								千円	千円	平成　年　月	平成　年　月
								千円	千円	平成　年　月	平成　年　月
								千円	千円	平成　年　月	平成　年　月
								千円	千円	平成　年　月	平成　年　月
								千円	千円	平成　年　月	平成　年　月
								千円	千円	平成　年　月	平成　年　月
								千円	千円	平成　年　月	平成　年　月
								千円	千円	平成　年　月	平成　年　月
								千円	千円	平成　年　月	平成　年　月
								千円	千円	平成　年　月	平成　年　月
								千円	千円	平成　年　月	平成　年　月
								千円	千円	平成　年　月	平成　年　月
								千円	千円	平成　年　月	平成　年　月

				うち　元請工事	
小　計	件	千円	千円	千円	千円
合　計	件	千円	千円	千円	千円

10件くらい書けばいい都道府県等もあれば、完成工事高の70％まで記載が必要な都道府県等もあるので、自社が申請する都道府県等の手引をご確認ください。

「注文者」には自社が直接受注した事業者などを、「元請または下請の別」には自社が元請業者なのか下請業者なのかを、「ＪＶの別」にはＪＶの場合はその旨を記入し、ＪＶでない場合は空欄のままで結構です。「工事名」には請け負った具体的な工事名称を、「工事現場の市町村名」には工事現場の所在地を記入します。

「配置技術者」は、工事現場に配置された主任技術者または監理技術者の氏名を記入し、「主任技術者」または「監理技術者」いずれかにチェックを入れます。「請負代金の額」には、請け負った工事の請負代金を記入しますが、税込みか税抜きか、工事経歴書、様式第三号、財務諸表ですべて統一します。「工期」には工事の着工月と完工月を記入します。

各都道府県等が規定している記載件数まで記入が終わったら、右下の合計を記入しますが、この合計額は様式第三号の各業種ごとの直近年度の元請下請合計額と必ず一致します。

様式第三号　直前3年の各事業年度における工事施工金額［図表15］

申請する直前3年の事業年度ごと、請け負った工事の施工金額を記入します。許可申請しようとする業種ごとに、「とび・土工」「造園」「内装仕上」など金額を分けて記入します。

また、各業種各年度ごと、「元請公共工事」、「元請民間工事」、「下請工事」を分ける必要があります。

〔図表15　様式第三号　直前3年の各事業年度における工事施工金額〕

様式第三号（第二条関係）

（用紙Ａ４）

直前３年の各事業年度における工事施工金額

（税込・税抜／単位：千円）

事業年度	注文者の区分		許可に係る建設工事の施工金額				その他の建設工事の施工金額	合計
			工事	工事	工事	工事		
第　期 平成　年　月　日から 平成　年　月　日まで	元請	公共						
		民間						
	下請							
	計							
第　期 平成　年　月　日から 平成　年　月　日まで	元請	公共						
		民間						
	下請							
	計							
第　期 平成　年　月　日から 平成　年　月　日まで	元請	公共						
		民間						
	下請							
	計							
第　期 平成　年　月　日から 平成　年　月　日まで	元請	公共						
		民間						
	下請							
	計							
第　期 平成　年　月　日から 平成　年　月　日まで	元請	公共						
		民間						
	下請							
	計							
第　期 平成　年　月　日から 平成　年　月　日まで	元請	公共						
		民間						
	下請							
	計							

記載要領

1　この表には、申請又は届出をする日の直前３年の各事業年度に完成した建設工事の請負代金の額を記載すること。

2　「税込・税抜」については、該当するものに丸を付すこと。

3　「許可に係る建設工事の施工金額」の欄は、許可に係る建設工事の種類ごとに区分して記載し、「その他の建設工事の施工金額」の欄は、許可を受けていない建設工事について記載すること。

4　記載すべき金額は、千円単位をもつて表示すること。
ただし、会社法（平成17年法律第86号）第２条第６号に規定する大会社にあつては、百万円単位をもつて表示することができる。この場合、「（単位：千円）」とあるのは「（単位：百万円）」として記載すること。

5　「公共」の欄は、国、地方公共団体、法人税法（昭和40年法律第34号）別表第一に掲げる公共法人（地方公共団体を除く。）及び第18条に規定する法人が注文者である施設又は工作物に関する建設工事の合計額を記載すること。

6　「許可に係る建設工事の施工金額」に記載する建設工事の種類が５業種以上にわたるため、用紙が２枚以上になる場合は、「その他の建設工事の施工金額」及び「合計」の欄は、最終ページにのみ記載すること。

7　当該工事に係る実績が無い場合においては、欄に「０」と記載すること。

各業種ごとの直近年度の元請下請合計額は、「様式第二号」工事経歴書の各工事の合計額と必ず一致しますし、業種をすべて合算した総合計額は「財務諸表」の完成工事高と必ず一致します。

また、税込み税抜きの処理の仕方を「様式第二号」工事経歴書と統一させるようにしてください。

様式第四号　使用人数［図表16］

各営業所に所属する、建設業に従事する職員数を記入します。「営業所の名称」には様式第一号⑴記載の営業所名を、「技術関係使用人」のうち「建設業法第７条第２号～」には、技術系の従業員のうち専任技術者になれる方の人数を、「その他の技術関係使用人」には資格や実務経験が十分でない職人さんの人数を、「事務関係使用人」には事務職の方の人数を、「合計」には営業所所属の全員の人数を記入します。

建設業に従事する職員数を記入するので、従業員であっても兼業に従事する方の人数は含めません。

様式第六号　誓約書［図表17］

法人の役員などや、個人事業主が欠格要件（第２章参照）に該当しないことを誓約する書面です。申請者欄に営業所の本店、会社名、代表者の役職と氏名を記入します。

欠格事由に該当する役員などがいる場合、許可を受けることはできません。

〔図表 16　様式第四号　使用人数〕

様式第四号（第二条関係）

（用紙Ａ４）

平成　　年　　月　　日

使　用　人　数

営業所の名称	技術関係使用人		事務関係使用人	合　計
	建設業法第７条第２号イ、ロ若しくはハ又は同法第15条第２号イ若しくはハに該当する者	その他の技術関係使用人		
	人	人	人	人
合　計	人	人	人	人

記載要領

1　この表には、法第５条の規定（法第17条において準用する場合を含む。）に基づく許可の申請の場合は、当該申請をする日、法第11条第３項（法第17条において準用する場合を含む。）の規定に基づく届出の場合は、当該事業年度の終了の日において建設業に従事している使用人数を、営業所ごとに記載すること。

2　「使用人」は、役員、職員を問わず雇用期間を特に限定することなく雇用された者（申請者が法人の場合は常勤の役員を、個人の場合はその事業主を含む。）をいう。

3　「その他の技術関係使用人」の欄は、法第７条第２号イ、ロ若しくはハ又は法第15条第２号イ若しくはハに該当する者ではないが、技術関係の業務に従事している者の数を記載すること。

〔図表 17　様式第六号　誓約書〕

様式第六号（第二条関係）

（用紙Ａ４）

誓　　約　　書

申請者、申請者の役員等及び建設業法施行令第３条に規定する使用人並びに法定代理人及び法定代理人の役員等は、同法第８条各号（同法第17条において準用される場合を含む。）に規定されている欠格要件に該当しないことを誓約します。

平成　　年　　月　　日

申請者　　　　　　　印

地方整備局長
北海道開発局長
知事　　殿

記載要領

「　地方整備局長
北海道開発局長　　については、不要のものを消すこと。
知事　」

様式第七号　常勤役員等（経営業務の管理責任者等）証明書［図表18］

経営業務の管理責任者に関して、経営経験があることを証明する書類です。許可取得の主要な要件の1つなので、間違いのないように記入するようにしてください。経営経験を積んだ会社から経営経験があることを証明してもらうことになりますので、経営経験の証明者が他社の場合、その会社から証明印をもらう必要があります。

(1)には、経営経験を証明できる業種を記入します。

（土）（建）などの略号を入れてください。「役職名」には経験した役職として代表取締役、取締役、事業主などを、「経験年数」には証明できる期間を、「証明者と被証明者との関係」には、証明をもらう会社と経営業務の管理責任者本人の関係として元役員、役員などをそれぞれ記入します。

「証明者」の欄には、過去に経営経験を積んだ会社の所在地、名称、代表者名を記入し、証明印を押印してもらいます。「証明者」は、過去の経営経験が他社の場合にはその会社からの証明が必要になり、過去の経営経験が自社の場合には、自社で証明することになります。

例示すれば、過去にA社で取締役を10年努めた経験を基に経営業務の管理責任者になる場合は、A社からの証明をもらい、自社で8年取締役を務めた経験を基に経営業務の管理責任者になる場合は、自社の社名を記入して自社で押印、証明することになります。

なお、経営経験は当然通算することが可能です。A社で3年、自社で4年取締役を務めている場合には、A社から証明をもらう「経営業務の管理責任者証明書」を1枚、自社で証明する「経営業

〔図表 18　様式第七号　経営業務の管理責任者証明書〕

様式第七号（第三条関係）

（用紙Ａ４）
0 0 0 0 2

常勤役員等（経営業務の管理責任者等）証明書

（1）　下記の者は、建設業に関し、次のとおり第７条第１号イ｛(1)(2)(3)｝に掲げる経験を有することを証明します。

役職名等

経験年数　　年　　月から　　年　　月まで　満　　年　　月

証明者と被証明者との関係

備考

令和　　年　　月　　日

証明者＿＿＿＿＿＿＿＿

（2）　下記の者は、許可申請者｛の常勤の役／本人／の支配人｝で第７条第１号イ｛(1)(2)(3)｝に該当する者であることに相違ありません。

令和　　年　　月　　日

地方整備局長
北海道開発局長
知事　殿

申請者
届出者＿＿＿＿＿＿＿＿

申請又は届出の区分　□ 項番 1 7 □（1．新規　2．変更　3．常勤役員等の更新等）

変更の年月日　令和　　年　　月　　日

許可番号　□ 1 8 大臣／知事コード □□　国土交通大臣／知事　許可（般／特－□□）第□□□□□□号　許可年月日　令和□□年□□月□□日

記

◎【新規・変更後・常勤役員等の更新等】

氏名のフリガナ　□ 1 9 □□

氏名　□ 2 0 □□□□□□□□□□

元号〔令和R、平成H、昭和S、大正T、明治M〕
生年月日　□□□年□□月□□日

住所＿＿＿＿＿＿＿＿

◎【変　更　前】

氏名　□ 2 1 □□□□□□□□□□

元号〔令和R、平成H、昭和S、大正T、明治M〕
生年月日　□□□年□□月□□日

備考
常勤役員等の略歴については、別紙による。

務の管理責任者証明書」を1枚作成し、通算して5年以上の経営経験を証明します（3社、4社など2社以上の場合でも同じく通算可能なので、証明を受ける会社ごとに「経営業務の管理責任者証明書」を作成します）。

⑵には、自社の届出内容を記入します。「申請者／届出者」には自社の本店所在地、会社名、代表者名を記入し、代表印で押印します。

項番17は、申請の区分を記入します。新規の場合は「1」を、変更等の場合は「2」～「4」をそれぞれ記入します。

項番18は、既に許可番号をお持ちの場合に記入します。新規の場合には空欄のままで結構です。

項番19は、経営業務の管理責任者のフリガナのうち、最初の2文字をカタカナで記入します。鈴木さんの場合は「スズ」と記入してください。

項番20は、経営業務の管理責任者の氏名を記入します。名字と名前の間は1文字空けてください。また、「住所」には経営業務の管理責任者の個人の住所を記入します。住民票等の証明書類と同じく正確に記入してください。

項番21は、既に許可を受けている事業者が、経営業務の管理責任者を変更する場合に、従前経営業務の管理責任者を記入する部分です。新規許可の場合には空欄のままで結構です。

必要な経営経験の期間（5年）が不足することのないように、過去の役員経験などを遡っていくように気をつけてください。

別紙　常勤役員等の略歴書〔図表19〕

経営業務の管理責任者の略歴を記入します。経営業務の管理責任者には、建設業の経営経験が必要になるため、この経歴書には、経営経験が具体的にわかるように記入することになります。

例えば「株式会社○○建設役員」だけでなく、「株式会社○○取締役 土木事業部担当」など、具体的に建設業の経営管理をしていたことがわかる役職名、職歴を記入するようにしてください。「様式第七号」の経営経験の履歴と連動しています。

「賞罰」には、経営管理の管理責任者がこれまで受けた行政処分等について記入し、その他褒賞などを受けている場合には、これも記入します。特に賞罰等がない場合には「該当なし」「なし」などと記入します。

様式第八号　専任技術者証明書〔図表20〕

営業所に配置する専任技術者の資格等を証明する書類です。専任技術者が複数いる場合もあるので、所属する専任技術者をすべて記入します。

項番61は、申請の区分を記入します。新規許可の場合は「1」を、専任技術者の資格区分変更や専任技術者追加などの場合はそれぞれ「2」～「5」をそれぞれ記入します。

項番62は、既に許可番号をお持ちの場合に記入します。新規の場合には空欄のままで結構です。

項番63は、専任技術者の氏名、生年月日を記入します。フリガナのマスには、名字の最初の2

〔図表 19　別紙　経営業務の管理責任者の略歴書〕

別紙

（用紙Ａ４）

常勤役員等の略歴書

現　住　所			
氏　　　名		生 年 月 日	年　月　日生
職　　　名			

	期　間	従　事　し　た　職　務　内　容
	自　年　月　日 至　年　月　日	
	自　年　月　日 至　年　月　日	
職	自　年　月　日 至　年　月　日	
	自　年　月　日 至　年　月　日	
	自　年　月　日 至　年　月　日	
	自　年　月　日 至　年　月　日	
	自　年　月　日 至　年　月　日	
	自　年　月　日 至　年　月　日	
	自　年　月　日 至　年　月　日	
	自　年　月　日 至　年　月　日	
	自　年　月　日 至　年　月　日	
歴	自　年　月　日 至　年　月　日	
	自　年　月　日 至　年　月　日	
	自　年　月　日 至　年　月　日	

	年　月　日	賞　罰　の　内　容
賞		
罰		

上記のとおり相違ありません。

令和　年　月　日　　　　　　氏　名

記載要領

※　「賞罰」の欄は、行政処分等についても記載すること。

〔図表 20　様式第八号　専任技術者証明書〕

様式第八号（第三条関係）

（用紙Ａ４）

0 0 0 0 3

専任技術者証明書（新規・変更）

（１）　下記のとおり、｛建設業法第７条第２号／建設業法第15条第２号｝に規定する専任の技術者を営業所に置いていることに相違ありません。

（２）　下記のとおり、専任の技術者の交替に伴う削除の届出をします。

平成　　年　　月　　日

地方整備局長
北海道開発局長
知事　殿

申請者
届出者　　　　　　　　　　　　　　　　　　　印

項番

区　分　6 1　（1．新規許可等　2．専任技術者の担当業種又は有資格区分の変更　3．専任技術者の追加　4．専任技術者の交替に伴う削除　5．専任技術者が置かれる営業所のみの変更）

大臣
知事　コード

許可年月日

許可番号　6 2　国土交通大臣／知事　許可（般／特－　）第　　号　平成　年　月　日

記

項番　フリガナ　（フリガナ）　元号〔平成Ｈ、昭和Ｓ、大正Ｔ、明治Ｍ〕

氏　名　6 3　生年月日　年　月　日

土 建 大 左 と 石 屋 電 管 タ 鋼 筋 舗 しゅ 板 ガ 塗 防 内 機 絶 通 園 井 具 水 消 清 解

今後担当する建設工事の種類　6 4

現在担当している建設工事の種類

1 2 3 4 5 6 7 8

有資格区分　6 5

変更、追加又は削除の年月日　平成　年　月　日　　営業所の名称（旧所属）

専任技術者の住所　　営業所の名称（新所属）

項番　フリガナ　（フリガナ）　元号〔平成Ｈ、昭和Ｓ、大正Ｔ、明治Ｍ〕

氏　名　6 3　生年月日　年　月　日

土 建 大 左 と 石 屋 電 管 タ 鋼 筋 舗 しゅ 板 ガ 塗 防 内 機 絶 通 園 井 具 水 消 清 解

今後担当する建設工事の種類　6 4

現在担当している建設工事の種類

1 2 3 4 5 6 7 8

有資格区分　6 5

変更、追加又は削除の年月日　平成　年　月　日　　営業所の名称（旧所属）

専任技術者の住所　　営業所の名称（新所属）

項番　フリガナ　（フリガナ）　元号〔平成Ｈ、昭和Ｓ、大正Ｔ、明治Ｍ〕

氏　名　6 3　生年月日　年　月　日

土 建 大 左 と 石 屋 電 管 タ 鋼 筋 舗 しゅ 板 ガ 塗 防 内 機 絶 通 園 井 具 水 消 清 解

今後担当する建設工事の種類　6 4

現在担当している建設工事の種類

1 2 3 4 5 6 7 8

有資格区分　6 5

変更、追加又は削除の年月日　平成　年　月　日　　営業所の名称（旧所属）

専任技術者の住所　　営業所の名称（新所属）

文字をカタカナで記入します。田中さんの場合は「タナ」と記入してください。

項番64は、専任技術者が担当する業種に数字を記入します。図表12、図表13の「建設業の種類」を記入します。一般建設業で国家資格者の場合は「7」、特定建設業で実務経験10年以上の場合は「5」ということになります。

項番65は、図表2の「コード」を記入します。複数の資格などをお持ちの方の場合は、すべての資格の「有資格区分」を記入しましょう。1級建築士の場合は「37」、1級電気工事施工管理技士の場合は「27」ということになります。

その他、専任技術者の住所は住民票等のとおり正確に記入し、「営業所の名称」には所属する営業所を記入します。

様式第九号　実務経験証明書［図表21］

専任技術者について、実務経験の証明が必要な場合には、この様式で証明することになります。1級の国家資格者などが専任技術者になる場合は不要になります。

実務経験を積んだ会社から実務経験があることを証明してもらうことになりますので、実務経験の証明者が他社の場合、その会社から証明印をもらう必要があります。つまり、実務経験が以前の勤務先での経験の場合には、以前の勤務先から証明してもらいます。自社での実務経験の場合はもちろん自社で証明していただいて結構です。

〔図表 21　様式第九号　実務経験証明書〕

様式第九号（第三条関係）

（用紙Ａ４）

実　務　経　験　証　明　書

下記の者は、　　　　　　　工事に関し、下記のとおり実務の経験を有することに相違ないことを証明します。

平成　　年　　月　　日

証　明　者　　　　　　　　　　　　　　　　印

被証明者との関係

記

技術者の氏名		生年月日		使用された期間	年　月から 年　月まで
使用者の商号又は名称					
職名	実務経験の内容			実務経験年数	
				年　月から　年　月まで	
				年　月から　年　月まで	
				年　月から　年　月まで	
				年　月から　年　月まで	
				年　月から　年　月まで	
				年　月から　年　月まで	
				年　月から　年　月まで	
				年　月から　年　月まで	
				年　月から　年　月まで	
				年　月から　年　月まで	
				年　月から　年　月まで	
				年　月から　年　月まで	
				年　月から　年　月まで	
				年　月から　年　月まで	
				年　月から　年　月まで	
使用者の証明を得ることができない場合はその理由				合計　満　年　月	

記載要領

1　この証明書は、許可を受けようとする建設業に係る建設工事の種類ごとに、被証明者１人について、証明者別に作成すること。
2　「職名」の欄は、被証明者が所属していた部課名等を記載すること。
3　「実務経験の内容」の欄は、従事した主な工事名等を具体的に記載すること。
4　「合計　満　年　月」の欄は、実務経験年数の合計を記載すること。

実務経験を証明する業種ごとにまとめて記載するので、最初の行には「大工」や「造園」など、1つの業種のみ記入してください。

「証明者」には実務経験を証明する会社の所在地、名称、代表者名を記入します。

「技術者の氏名」「生年月日」は、専任技術者について記入する様式なので、様式第八号と一致するはずです。

「使用者の商号または名称」「使用された期間」には、実務経験を積んだ会社の名称等と所属していた期間をそれぞれ記入します。

「職名」には所属していた期間の当時の役職名を、「実務経験の内容」は重要なポイントなので、従事した工事を具体的に記入します。単に「とび土工工事」ではなく、「〇〇マンション修繕工事に伴う足場工事」などのように、実務経験の内容が確かにその工事の種類に該当することが判断できる内容にしてください。

「実務経験年数」には、先に記入した工事の工期を記入します。この期間は、重複できません。つまり、4月から10月までの7ヶ月間の工期と、7月から9月までの2ヶ月間の工期はそれぞれカウントするのではなく、4月から10月までの7ヶ月間の実務経験としかカウントされません。

重複しないように1年12ヶ月、3年36ヶ月、5年60ヶ月など必要な実務経験を積み上げていく必要があるのでご注意ください。最終的に右下の「合計」の部分に、必要な実務経験期間以上の期間が記入されることになります。

様式第十号　指導監督的実務経験証明書［図表22］

専任技術者について、指導監督的実務経験の証明が必要な場合には、この様式で証明することになります。記載方法は様式第十号と同様なので、詳しい解説は省略します。

様式第十一号　建設業法施行令第三条に規定する使用人の一覧表［図表23］

営業所を複数設置する場合、本店以外の営業所には、「建設業法施行令第三条に規定する使用人（以下「令3条の使用人」といいます）」を置かなければなりません。令3条使用人は、建設工事の請負契約の締結、その履行に当たって、一定の権限を有すると判断される者で、支店及び支店に準ずる営業所の代表者をいいます。つまり、支店長や営業所長（所長）など、従たる営業所の責任者と言っていいでしょう。

様式第十一号には、「営業所の名称」欄には令3条の使用人が所属する営業所を、「職名」には○○営業所長、○○支店長などの役職名を、「氏名」欄には住民票等記載のとおり正確に氏名とフリガナを記入します。

なお、この「令3条の使用人」となっている期間は、建設業許可の手続き上は「建設業の経営経験」と見なされることになります。つまり、令3条の使用人であった期間が5年以上あれば経管となることができます。複数のグループ会社等で建設業を行っている場合には、経験者の人材不足等を補える可能性があります。

〔図表22　様式第十号　指導監督的実務経験証明書書〕

様式第十号（第十三条関係）

（用紙Ａ４）

指導監督的実務経験証明書

下記の者は、　　　　　　工事に関し、下記の元請工事について指導監督的な実務の経験を有することに相違ないことを証明します。

平成　　年　　月　　日

証明者＿＿＿＿＿＿＿＿＿＿＿＿印

被証明者との関係＿＿＿＿＿＿＿＿＿＿

記

技術者の氏名		生年月日		使用された期間	年　月から 年　月まで
使用者の商号又は名称					
発注者名	請負代金の額	職名	実務経験の内容	実務経験年数	
	千円			年　月から　年　月まで	
	千円			年　月から　年　月まで	
	千円			年　月から　年　月まで	
	千円			年　月から　年　月まで	
	千円			年　月から　年　月まで	
	千円			年　月から　年　月まで	
	千円			年　月から　年　月まで	
	千円			年　月から　年　月まで	
	千円			年　月から　年　月まで	
	千円			年　月から　年　月まで	
	千円			年　月から　年　月まで	
	千円			年　月から　年　月まで	
	千円			年　月から　年　月まで	
	千円			年　月から　年　月まで	
使用者の証明を得ることができない場合はその理由				合計　満　年　月	

記載要領

1　この証明書は、許可を受けようとする建設業に係る建設工事の種類ごとに、被証明者１人について、証明者別に作成し、請負代金の額が4,500万円以上の建設工事（平成６年12月28日前の建設工事にあつては3,000万円以上のもの、昭和59年10月１日前の建設工事にあつては1,500万円以上のもの）１件ごとに記載すること。

2　「職名」の欄は、被証明者が従事した工事現場において就いていた地位を記載すること。

3　「実務経験の内容」の欄は、従事した元請工事名等を具体的に記載すること。

4　「合計　満　年　月」の欄は、実務経験年数の合計を記載すること。

〔図表23　様式第十一号　建設業法施行令第三条に規定する使用人の一覧表書〕

様式第十一号（第四条関係）　　　　（用紙Ａ４）

建　設　業　法　施　行　令　第　３　条　に　規　定　す　る　使　用　人　の　一　覧　表

平成　　年　　月　　日

営業所の名称	職　　名	氏《フリ》　　名《ガナ》

〔図表 24　証明書サンプル　登記されていないことの証明書〕

登記されていないことの証明書

①氏　　名	
②生年月日	明治 □　大正 □　昭和 □　平成 □　令和 □　または　西暦 □　　年　　月　　日
③住　　所	都道府県名：福岡県　／　市区郡町村名：　／　丁目 大字 地番：
④本　　籍 □ 国籍	都道府県名：　／　市区郡町村名：　／　丁目 大字 地番（外国人は国籍を記入）：

上記の者について、後見登記等ファイルに成年被後見人、被保佐人とする
記録がないことを証明する。

令和3年4月21日

東京法務局　登記官　　　　　　　　大　倉　朋　子

［証明書番号］

様式第十二号　許可申請者の住所、生年月日等に関する調書［図表25］

「別紙一」に記入した役員等について、それぞれ1枚ずつ記入して作成します。

「現住所」、「氏名」、「生年月日」、「役職名」などを、証明書類と同じく正確に記入してください。

「賞罰」には、これまで受けた行政処分等について記入し、その他褒賞などを受けている場合には、これも記入します。

特に賞罰等がない場合には「該当なし」「なし」などと記入します。

様式第十三号　建設業法施行令第三条に規定する使用人の住所、生年月日等に関する調書［図表26］

「様式第十一号」に記入した令3条の使用人について、それぞれ1枚ずつ記入して作成します。

「現住所」、「氏名」、「生年月日」、「営業所名」、「職名」などを、証明書類と同じく正確に記入してください。

「賞罰」には、これまで受けた行政処分等について記入し、その他褒賞などを受けている場合には、これも記入します。特に賞罰等がない場合には「該当なし」「なし」などと記入します。

様式第十四号　株主（出資者）調書［図表27］

自社が法人の場合のみ作成します。個人事業の場合には添付不要です。

総株主の議決権の５／１００以上を持つ株主、出資者の氏名、住所（法人出資の場合は法人の所

〔図表25　様式第十二号　許可申請者の住所、生年月日等に関する調書〕

様式第十二号（第四条関係）　　　　（用紙Ａ４）

許可申請者（法人の役員等／本人／法定代理人／法定代理人の役員等）の住所、生年月日等に関する調書

<table>
<tr><td colspan="2">住　所</td><td colspan="3"></td></tr>
<tr><td colspan="2">氏　名</td><td></td><td>生年月日</td><td>年　月　日生</td></tr>
<tr><td colspan="2">役名等</td><td colspan="3"></td></tr>
<tr><td rowspan="6">賞
罰</td><td>年　月　日</td><td colspan="3">賞罰の内容</td></tr>
<tr><td></td><td colspan="3"></td></tr>
<tr><td></td><td colspan="3"></td></tr>
<tr><td></td><td colspan="3"></td></tr>
<tr><td></td><td colspan="3"></td></tr>
<tr><td></td><td colspan="3"></td></tr>
<tr><td colspan="5">上記のとおり相違ありません。
平成　年　月　日　　　　氏名　　　印</td></tr>
</table>

記載要領

1 「（法人の役員等／本人／法定代理人／法定代理人の役員等）」については、不要のものを消すこと。

2 法人である場合においては、法人の役員、顧問、相談役又は総株主の議決権の100分の５以上を有する株主若しくは出資の総額の100分の５以上に相当する出資をしている者（個人であるものに限る。以下「株主等」という。）について記載すること。

3 株主等については、「役名等」の欄には「株主等」と記載することとし、「賞罰」の欄への記載並びに署名及び押印を要しない。

4 顧問及び相談役については，「賞罰」の欄への記載並びに署名及び押印を要しない。

5 「賞罰」の欄は、行政処分等についても記載すること。

6 様式第７号別紙に記載のある者については、本様式の作成を要しない。

〔図表26　様式第十三号　建設業法施行令第三条に規定する使用人の住所、生年月日等に関する調書〕

様式第十三号（第四条関係）

（用紙Ａ４）

建設業法施行令第３条に規定する使用人の住所、生年月日等に関する調書

住　　所				
氏　　名			生　年　月　日	年　月　日生
営　業　所　名				
職　　名				
賞罰	年　月　日	賞　罰　の　内　容		
上記のとおり相違ありません。 平成　年　月　日　　氏　名　　印				

記載要領
「賞罰」の欄は、行政処分等についても記載すること。

在地）、持株数を記入します。

様式第十五号～様式第十七号の三　財務諸表（法人用）〔図表28‐1～図表28‐6〕

様式第十八号～様式第十九号　財務諸表（個人用）〔図表29‐1～図表29‐3〕

財務諸表については、次の「財務諸表の見方と書き方」にまとめます。

事業年度が終了してから決算書（確定申告書）のかたちになるまで、一般的に２ヶ月～３ヶ月程度かかります。許可申請書に添付する建設業財務諸表は、この決算書等をベースに作成することになるので、決算前後で許可の手続きをする場合には、決算書等が出来上がるタイミングなどを税理士さんや会計事務所とよく打ち合わせして、想定外のロスが生まれないようにしましょう。

〔図表 27　様式第十四号　株主（出資者）調書〕

様式第十四号（第四条関係）

（用紙Ａ４）

株　　主　　（出　　資　　者）　　調　　書

株主（出資者）名	住　　　　所	所有株数又は出資の価額

記載要領
　この調書は、総株主の議決権の100分の５以上を有する株主又は出資の総額の100分の５以上に相当する出資をしている者について記載すること。

〔図表 28-1　財務諸表（法人用）〕

財　務　諸　表

（　法　人　用　）

様式第十五号	貸　借　対　照　表
様式第十六号	損　益　計　算　書
	完成工事原価報告書
様式第十七号	株主資本等変動計算書
様式第十七号の二	注　記　表

事業年度	自	平成	年	月	日
	至	平成	年	月	日

会社名

税込　・　税抜

〔図表 28-2　様式第十五号　貸借対照表（法人用）〕

様式第十五号（第四条、第十条、第十九条の四関係）

貸　　借　　対　　照　　表

平成　　年　　月　　日　現在

（会社名）＿＿＿＿＿＿＿＿＿＿＿＿＿＿

資　産　の　部

			千円
Ⅰ　流　動　資　産			
現金預金			
受取手形			
完成工事未収入金			
有価証券			
未成工事支出金			
材料貯蔵品			
短期貸付金			
前払費用			
繰延税金資産			
その他			
貸倒引当金		△	
流動資産合計			
Ⅱ　固　定　資　産			
(1)　有形固定資産			
建物・構築物			
減価償却累計額	△		
機械・運搬具			
減価償却累計額	△		
工具器具・備品			
減価償却累計額	△		
土　地			
リース資産			
減価償却累計額	△		
建設仮勘定			
その他			
減価償却累計額	△		
有形固定資産合計			
(2)　無形固定資産			
特許権			
借地権			
のれん			

リース資産
その他
無形固定資産合計

(3) 投資その他の資産
投資有価証券
関係会社株式・関係会社出資金
長期貸付金
破産更生債権等
長期前払費用
繰延税金資産
その他
貸倒引当金　△
投資その他の資産合計
固定資産合計

Ⅲ　繰　延　資　産
創立費
開業費
株式交付費
社債発行費
開発費
繰延資産合計
資産合計

負　債　の　部

Ⅰ　流　動　負　債
支払手形
工事未払金
短期借入金
リース債務
未払金
未払費用
未払法人税等
繰延税金負債
未成工事受入金
預り金
前受収益
……………引当金
その他
流動負債合計

Ⅱ　固　定　負　債	
社債	
長期借入金	
リース債務	
繰延税金負債	
……………引当金	
負ののれん	
その他	
固定負債合計	
負債合計	

純　資　産　の　部

Ⅰ　株　主　資　本	
(1)　資本金	
(2)　新株式申込証拠金	
(3)　資本剰余金	
資本準備金	
その他資本剰余金	
資本剰余金合計	
(4)　利益剰余金	
利益準備金	
その他利益剰余金	
＿＿＿＿準備金	
＿＿＿＿積立金	
繰越利益剰余金	
利益剰余金合計	
(5)　自己株式	△
(6)　自己株式申込証拠金	
株主資本合計	
Ⅱ　評価・換算差額等	
(1)　その他有価証券評価差額金	
(2)　繰延ヘッジ損益	
(3)　土地再評価差額金	
評価・換算差額等合計	
Ⅲ　新　株　予　約　権	
純資産合計	
負債純資産合計	

〔図表 28-3　様式第十六号　損益計算書（法人用）〕

様式第十六号　（第四条、第十条、第十九条の四関係）

損　益　計　算　書

自　平成　年　月　日
至　平成　年　月　日

（会社名）＿＿＿＿＿＿＿＿＿＿

Ⅰ　売　上　高			千円
完成工事高	………		
兼業事業売上高	＿＿＿	………	
Ⅱ　売　上　原　価			
完成工事原価	………		
兼業事業売上原価	＿＿＿	＿＿＿	
売上総利益（売上総損失）			
完成工事総利益（完成工事総損失）	………		
兼業事業総利益（兼業事業総損失）	＿＿＿	………	
Ⅲ　販売費及び一般管理費			
役員報酬	………		
従業員給料手当	………		
退職金	………		
法定福利費	………		
福利厚生費	………		
修繕維持費	………		
事務用品費	………		
通信交通費	………		
動力用水光熱費	………		
調査研究費	………		
広告宣伝費	………		
貸倒引当金繰入額	………		
貸倒損失	………		
交際費	………		
寄付金	………		
地代家賃	………		
減価償却費	………		
開発費償却	………		
租税公課	………		
保険料	………		
雑　費	＿＿＿	＿＿＿	
営業利益（営業損失）		………	

Ⅳ　営 業 外 収 益
受取利息及び配当金
その他

Ⅴ　営 業 外 費 用
支払利息
貸倒引当金繰入額
貸倒損失
その他
経常利益（経常損失）

Ⅵ　特　別　利　益
前期損益修正益
その他

Ⅶ　特　別　損　失
前期損益修正損
その他
税引前当期純利益（税引前当期純損失）
法人税、住民税及び事業税
法人税等調整額
当期純利益（当期純損失）

完　成　工　事　原　価　報　告　書

自　平成　　年　　月　　日
至　平成　　年　　月　　日

（会社名）＿＿＿＿＿＿＿＿＿＿

千円

Ⅰ　材　料　費
Ⅱ　労　務　費
（うち労務外注費　　　　　　）
Ⅲ　外　注　費
Ⅳ　経　　　費
（うち人件費　　　　　　）

完成工事原価

〔図表 28-4　様式第十七号　損益資本等変動計算書〕

様式第十七号（第四条、第十条、第十九条の四関係）

株　主　資　本　等　変　動　計　算　書

自　平成　　年　　月　　日
至　平成　　年　　月　　日

（会社名）＿＿＿＿＿＿＿＿

千円

	株主資本										評価・換算差額等					
		資本剰余金			利益剰余金											
						その他利益剰余金										
	資本金	資本準備金	その他資本剰余金	資本剰余金合計	利益準備金	積立金	繰越利益剰余金	利益剰余金合計	自己株式	株主資本合計	その他有価証券評価差額金	繰延ヘッジ損益	土地再評価差額金	評価・換算差額等合計	新株予約権	純資産合計
当期首残高									△							
当期変動額																
新株の発行																
剰余金の配当							△	△		△						△
当期純利益																
自己株式の処分																
株主資本以外の項目の当期変動額（純額）																
当期変動額合計																
当期末残高									△							

〔図表 28-5　様式第十七号の二　注記表〕

様式第十七号の二　（第四条、第十条、第十九条の四関係）

注　記　表
自　平成　年　月　日
至　平成　年　月　日

（会社名）＿＿＿＿＿＿＿＿＿＿

注

1　継続企業の前提に重要な疑義を生じさせるような事象又は状況

2　重要な会計方針

(1)　資産の評価基準及び評価方法

(2)　固定資産の減価償却の方法

(3)　引当金の計上基準

(4)　収益及び費用の計上基準

(5)　消費税及び地方消費税に相当する額の会計処理の方法

(6)　その他貸借対照表、損益計算書、株主資本等変動計算書、注記表作成のための基本となる重要な事項

3　会計方針の変更

4　表示方法の変更

5　会計上の見積りの変更

6　誤謬の訂正

7　貸借対照表関係

(1)　担保に供している資産及び担保付債務

①　担保に供している資産の内容及びその金額

②　担保に係る債務の金額

(2)　保証債務、手形遡求債務、重要な係争事件に係る損害賠償義務等の内容及び金額

受取手形割引高　　千円

裏書手形譲渡高　　千円

(3)　関係会社に対する短期金銭債権及び長期金銭債権並びに短期金銭債務及び長期金銭債務

(4)　取締役、監査役及び執行役との間の取引による取締役、監査役及び執行役に対する金銭債権及び金銭債務

(5)　親会社株式の各表示区分別の金額

(6)　工事損失引当金に対応する未成工事支出金の金額

8　損益計算書関係

(1)　工事進行基準による完成工事高

(2)　売上高のうち関係会社に対する部分

(3)　売上原価のうち関係会社からの仕入高

(4)　売上原価のうち工事損失引当金繰入額

(5)　関係会社との営業取引以外の取引高

(6)　研究開発費の総額（会計監査人を設置している会社に限る。）

9　株主資本等変動計算書関係
（1）事業年度末日における発行済株式の種類及び数

（2）事業年度末日における自己株式の種類及び数

（3）剰余金の配当

（4）事業年度末において発行している新株予約権の目的となる株式の種類及び数

10　税効果会計

11　リースにより使用する固定資産

12　金融商品関係
（1）金融商品の状況

（2）金融商品の時価等

13　賃貸等不動産関係
（1）賃貸等不動産の状況

（2）賃貸等不動産の時価

14　関連当事者との取引
取引の内容

種類	会社等の名称又は氏名	議決権の所有（被所有）割合	関係内容	科目	期末残高（千円）

ただし、会計監査人を設置している会社は以下の様式により記載する。
（1）取引の内容

種類	会社等の名称又は氏名	議決権の所有（被所有）割合	関係内容	取引の内容	取引金額	科目	期末残高（千円）

(2)　取引条件及び取引条件の決定方針

(3)　取引条件の変更の内容及び変更が貸借対照表、損益計算書に与える影響の内容

15　一株当たり情報
(1)　一株当たりの純資産額

(2)　一株当たりの当期純利益又は当期純損失

16　重要な後発事象

17　連結配当規制適用の有無

18　その他

〔図表 28-6　様式第十七号の三　附属明細書〕

様式第十七号の三（第四条、第十条関係）　　　　　　　　　　　　　（用紙Ａ４）

附　属　明　細　表

平成　　年　　月　　日現在

1　完成工事未収入金の詳細

相手先別内訳

相　手　先	金　　　　額
	千円
計	

滞留状況

発　生　時	完成工事未収入金
当期計上分	千円
前期以前計上分	
計	

2　短期貸付金明細表

相　手　先	金　　　　額
	千円
計	

3　長期貸付金明細表

相　手　先	金　　　　額
	千円
計	

4　関係会社貸付金明細表

関係会社名	期首残高	当期増加額	当期減少額	期末残高	摘　　要
	千円	千円	千円	千円	
計					―

5　関係会社有価証券明細表

	銘柄	一株の金額	期首残高			当期増加額		当期減少額		期末残高			摘要
			株式数	取得価額	貸借対照表計上額	株式数	金額	株式	金額	株式数	取得価額	貸借対照表計上額	
株式		千円		千円	千円		千円		千円		千円	千円	
	計												

	銘柄	期首残高		当期増加額	当期減少額	期末残高		摘要
		取得価額	貸借対照表計上額			取得価額	貸借対照表計上額	
社債		千円	千円	千円	千円	千円	千円	
	計							
その他の有価証券								
	計							

6　関係会社出資金明細表

関係会社名	期首残高	当期増加額	当期減少額	期末残高	摘　　要
	千円	千円	千円	千円	
計					—

7　短期借入金明細表

借　　入　　先	金　　　額	返　済　期　日	摘　　　要
	千円	千円	千円
計			

8　長期借入金明細表

借　入　先	期首残高	当期増加額	当期減少額	期末残高	摘　　　要
	千円	千円	千円	千円	
計					—

9　関係会社借入金明細表

関係会社名	期首残高	当期増加額	当期減少額	期末残高	摘　　　要
	千円	千円	千円	千円	
計					—

10　保証債務明細表

相　　手　　先	金　　　額
	千円
計	

〔図表 29-1　財務諸表（個人用)〕

財　務　諸　表

（　個　人　用　）

様式第十八号　貸　借　対　照　表

様式第十九号　損　益　計　算　書

平成　　年　　月　　日

商号又は名称

税込　・　税抜

〔図表 29-2　様式第十八号　貸借対照表（個人用）〕

様式第十八号（第四条、第十条、第十九条の四関係）

貸　　借　　対　　照　　表

平成　　年　　月　　日 現在

商号又は名称＿＿＿＿＿＿＿＿＿＿＿＿

資　産　の　部

I　流　動　資　産		千円
現金預金	…………	
受取手形	…………	
完成工事未収入金	…………	
有価証券	…………	
未成工事支出金	…………	
材料貯蔵品	…………	
その他	…………	
貸倒引当金	△＿＿＿＿	
流動資産合計	…………	
II　固　定　資　産		
建物・構築物	…………	
機械・運搬具	…………	
工具器具・備品	…………	
土地	…………	
建設仮勘定	…………	
破産更生債権等	…………	
その他	＿＿＿＿	
固定資産合計	＿＿＿＿	
資産合計	＝＝＝＝	

負　債　の　部

I　流　動　負　債		
支払手形	…………	
工事未払金	…………	
短期借入金	…………	
未払金	…………	
未成工事受入金	…………	
預り金	…………	
…………引当金	…………	
その他	＿＿＿＿	
流動負債合計	…………	

Ⅱ　固　定　負　債
　長期借入金
　その他
　　固定負債合計
　　　負債合計

純　資　産　の　部

期首資本金
事業主借勘定
事業主貸勘定　△
事業主利益
　純資産合計
　負債純資産合計

注　消費税及び地方消費税に相当する額の会計処理の方法

〔図表 29-3　様式第十九号　損益計算書（個人用）〕

様式第十九号　（第四条、第十条、第十九条の四関係）

損　益　計　算　書

自　平成　　年　　月　　日
至　平成　　年　　月　　日

商号又は名称＿＿＿＿＿＿＿＿＿＿＿＿＿＿＿＿

千円

Ⅰ　完成工事高	……	
Ⅱ　完成工事原価		
材料費	……	
労務費	……	
（うち労務外注費　　　　　）		
外注費	……	
経費	＿＿＿	＿＿＿
完成工事総利益（完成工事総損失）		……
Ⅲ　販売費及び一般管理費		
従業員給料手当	……	
退職金	……	
法定福利費	……	
福利厚生費	……	
維持修繕費	……	
事務用品費	……	
通信交通費	……	
動力用水光熱費	……	
広告宣伝費	……	
交際費	……	
寄付金	……	
地代家賃	……	
減価償却費	……	
租税公課	……	
保険料	……	
雑　費	＿＿＿	＿＿＿
営業利益（営業損失）		……
Ⅳ　営業外収益		
受取利息及び配当金	……	
その他	＿＿＿	……
Ⅴ　営業外費用		
支払利息	……	
その他	＿＿＿	＿＿＿
事業主利益（事業主損失）		＝＝＝

注　　工事進行基準による完成工事高

様式第二十号　営業の沿革〔図表30〕

これまでの会社の沿革などを記入します。「創業以後の沿革」には、法人設立の時期や本店所在地、商号の変更があった場合、資本金の変更（増資、減資など）があった場合に、それらの時期を記入します。

大まかには、履歴事項全部証明書に記載されるような変更事項を記入するとお考えいただければよいでしょう。

「建設業の登録及び許可の状況」には、これまで過去に取得した建設業許可がある場合に記入します。取得年月日と「東京都知事許可（般―○○）第○○○○号」のような許可番号を記入します。これまで自社で建設業許可を取得したことがない場合には、「該当なし」「なし」と記入します。

「賞罰」には、これまで受けた行政処分等について記入し、その他褒賞などを受けている場合には、これも記入します。特に賞罰等がない場合には「該当なし」「なし」などと記入します。

様式第二十号の二　所属建設業者団体〔図表31〕

自社が所属している建設業者団体で、国交省に対して一定の届出をしている社団や財団などがある場合、この様式に記入することになっています。

団体の名称と所属年月日を記入します。何らかの建設業者団体に所属されている場合、所属する団体に国交省への届出などがされているか、ご確認ください。

〔図表 30　様式第二十号　営業の沿革〕

様式第二十号（第四条関係）　　　　（用紙Ａ４）

営　業　の　沿　革

創業以後の沿革	年　月　日	
	年　月　日	
	年　月　日	
	年　月　日	
	年　月　日	
	年　月　日	
	年　月　日	
	年　月　日	

建設業の登録及び許可の状況	年　月　日	
	年　月　日	
	年　月　日	
	年　月　日	
	年　月　日	
	年　月　日	
	年　月　日	
	年　月　日	
	年　月　日	
	年　月　日	

賞罰	年　月　日	
	年　月　日	
	年　月　日	
	年　月　日	

記載要領

1　「創業以後の沿革」の欄は、創業、商号又は名称の変更、組織の変更、合併又は分割、資本金額の変更、営業の休止、営業の再開等を記載すること。

2　「建設業の登録及び許可の状況」の欄は、建設業の最初の登録及び許可等（更新を除く。）について記載すること。

3　「賞罰」の欄は、行政処分等についても記載すること。

〔図表31　様式第二十号の二　所属建設業者団体〕

様式第二十号の二（第四条関係）　（用紙Ａ４）

所　属　建　設　業　者　団　体

団　体　の　名　称	所　属　年　月　日

記載要領

「団体の名称」の欄は、法第27条の37に規定する建設業者の団体の名称を記載すること。

様式第七号の三　健康保険等の加入状況［図表32］

近年、建設業者に対する社会保険、労働保険などの加入促進が国交省と厚労省（厚生労働省）連携のもとに進められています。建設業許可を取得する際にも、この加入状況が適正に処理されているかを確認するとともに、適正でない（加入義務があるが未加入であるなど）の状態を是正するよう、指導がされています。許可申請書には、現在の加入状況を記載して提出することになります。

「営業所の名称」には、様式第一号⑴記載の営業所の名称を記入します。

「従業員数」には営業所ごとの従業員数と、役員等の人数をカッコ書きで記入します。

「保険加入の状況」には、加入している場合は「1」を、未加入の場合は「2」を、適用除外の場合は「3」をそれぞれ記入します。

「事業所整理番号等」には、健康保険、厚生年金、雇用保険それぞれの事業所整理番号、事業所番号等を記入します。

様式第二十号の四　主要取引金融機関名［図表33］

普段事業用の金融機関としてお使いになっている銀行等を、政府系金融機関、普通銀行及び長期信用銀行、商工組合及び信用金庫などの種類ごとに分けて記入します。銀行等の名前だけでなく、○○銀行○○支店のように、本支店、営業所、出張所などの区別まで記入することになっています。

〔図表 32　様式第七号の三　健康保険等の加入状況〕

様式第七号の三（第三条、第七条の二関係）　　　　（用紙Ａ４）

健 康 保 険 等 の 加 入 状 況

（１）　健康保険等の加入状況は下記のとおりです。
（２）　下記のとおり、健康保険等の加入状況に変更があつたので、提出します。

令和　　年　　月　　日

地方整備局長
北海道開発局長
知事　殿

申請者
届出者

許可年月日
許　可　番　号　国土交通大臣 知事 許可（般 特－　　）第　　　号　令和　　年　　月　　日

（営業所毎の保険の加入状況）

営業所の名称	従業員数	保険の加入状況			事業所整理記号等	
		健康保険	厚生年金保険	雇用保険		
	人 （　　人）				健康保険	
					厚生年金保険	
					雇用保険	
	人 （　　人）				健康保険	
					厚生年金保険	
					雇用保険	
	人 （　　人）				健康保険	
					厚生年金保険	
					雇用保険	
	人 （　　人）				健康保険	
					厚生年金保険	
					雇用保険	
	人 （　　人）				健康保険	
					厚生年金保険	
					雇用保険	
合計	人 （　　人）					

〔図表33　様式第二十号の四　主要取引金融機関名〕

様式第二十号の四（第四条関係）　　　　（用紙A４）

主　要　取　引　金　融　機　関　名

政府関係金融機関	普通銀行 長期信用銀行	株式会社商工組合中央金庫 信用金庫・信用協同組合	その他の金融機関

記載要領

1　「政府関係金融機関」の欄は、独立行政法人住宅金融支援機構、株式会社日本政策金融公庫、株式会社日本政策投資銀行について記載すること。

2　各金融機関とも、本所、本店、支所、支店、営業所、出張所等の区別まで記載すること。

（例　○○銀行○○支店）

財務諸表の見方と書き方

建設業許可の申請書に添付する財務諸表は、作成するのがなかなかハードルの高い資料です。基本的には法人の場合はいわゆる「決算書」と呼ばれるもの、個人事業の場合は「確定申告書」と呼ばれるものを基に作成することになりますが、「決算書」「確定申告書」は税務申告のために作成しているので、これを建設業許可の申請用につくり変えなければなりません。

例えば、税務申告のための決算書で「売掛金」という科目になっているものは、建設業許可の財務諸表では、建設工事で発生した未収入金なので「完成工事未収入金」という科目になります。同じく建設工事に関する買掛金は「工事未払金」になります。

申請する事業年度の直前の事業年度（決算が確定している事業年度）について記入することになります。

貸借対照表

建設業許可の財務諸表では、それぞれの科目にあたる金額を「千円単位（大規模な会社は百万円単位）」で記入することができます。少し特殊ですが、「2，000，000円」は「2，000（千円）」という書き方になります。貸借対照表に限らず、建設業許可の財務諸表はすべてこの「千円単位（大規模な会社は百万円単位）」での書き方になります。

繰り上げ繰り下げ、四捨五入などはせず、下の桁を切り捨てするようにしてください。

①流動資産

税務申告用の決算書の貸借対照表の左側、「資産の部」から転記します。先に見たとおり、決算書の「売掛金」に記載がある金額は、財務諸表では「完成工事未収入金」に転記されることになります。なお、売掛金に建設工事以外の売掛金が含まれる場合は、全額を完成工事未収入金に転記するのではなく、建設工事に関する売掛金は完成工事未収入金に、その他の事業に関する売掛金は、そのまま売掛金に、分けて記載する必要があります。

その他の科目についても、税務申告用の決算書と建設業許可の財務諸表で科目の違うものがある可能性があります。科目の付け方は、顧問をされている税理士さんなどによりマチマチなので、どの科目に記載するのが正しいかわからない場合は、顧問の税理士さんにご相談されることをおすすめします。

②固定資産

税務申告用の決算書の貸借対照表の左側、「資産の部」から転記します。一般的に、税務申告用の決算書には「期末簿価」しか記載されていない場合が多いですが、建設業許可の財務諸表では「取得価格」「減価償却累計額」も合わせて記載が必要です。

では「取得価格」「減価償却累計額」は決算書のどこに書いてあるかというと、決算書のずっと前のほうにある「別表16」という書類です。別表16は固定資産の取得価格や、これまでどのくらい減価償却してきたか、結果として固定資産の簿価が期末時点でいくらなのか、などがまとめて記載されています。この別表16から「取得価格」「減価償却累計額」「期末簿価」を転記するとやりやすいでしょう。

その他に、「無形固定資産」や「投資その他の資産」がある場合も、決算書から転記するようにします。

③流動負債

税務申告用の決算書の貸借対照表の右側、「負債の部」から転記します。先ほど見たとおり、決算書に「買掛金」に記載がある金額は、財務諸表では「工事未払金」に転記されることになります。なお、買掛金に建設工事以外の買掛金が含まれる場合は、全額を工事未払金に転記するのではなく、建設工事に関する買掛金は工事未払金に、その他の事業に関する買掛金は、そのまま買掛金に、分けて記載する必要があります。

④固定負債

税務申告用の決算書の貸借対照表の右側、「負債の部」から転記します。固定負債は、建設業許可固有のものというのは少ないので、税務申告用の決算書から同じ科目のものを転記できる場合が多いでしょう。

⑤株主資本

税務申告用の決算書の貸借対照表の右側下段、「純資産の部」から転記します。純資産の部には建設業許可固有のものというのは少ないので、税務申告用の決算書から同じ科目のものを転記できる場合が多いでしょう。

ここまでで貸借対照表の記入は終了です。主に「流動資産」や「有形固定資産」、「流動負債」の部分で建設業許可特有の科目の振替などが出てきますので、この点に注意して作成してください。

また、貸借対照表は「資産の部合計」と「負債の部合計」＋「純資産の部合計」が必ず一致します。一致しない場合はどこかの科目に記入ミスなどがあるはずなので、もう一度確認し直すようにしてください。

損益計算書

①売上高

「完成工事高」と「兼業事業売上高」に分かれています。売上高のすべてが建設工事によるものであれば、「完成工事高」だけ記入し、建設工事以外の売上がある場合は、「兼業事業売上高」に記入します。「完成工事高」と「兼業事業売上高」の合計は必ず税務申告用の決算書の「売上高」と同じ数字になります。

また、完成工事高は様式第三号の直近期の合計額と必ず一致します。一致しない場合は様式第三号か、損益計算書の完成工事高かいずれかに記入ミスなどがあるはずなので、もう一度確認し直すようにしてください。

②売上原価

「完成工事原価」と「兼業事業売上原価」に分かれています。「完成工事原価」は完成工事高に計上したものに対応する工事原価を記入することになります。建設工事以外の売上がある場合、兼業事業売上高に計上したものに対応する売上原価を記入します。「完成工事原価」と「兼業事業売上原価」の合計は必ず税務申告用の決算書の「売上原価」と同じ数字になります。

③売上総利益（売上総損失）

「売上高」から「売上原価」を引いた数字が入ります。税務申告用の決算書の売上総利益と同じ数字になります。

④販売費及び一般管理費

税務申告用の決算書の「販売費及び一般管理費」から転記します。建設会社の場合、販売費及び一般管理費に記載されている人件費などは、「建設工事に従事した作業員（職人さんのことです）に対する賃金、給与など」以外の、営業所勤務の従業員さんなどの分なので、ここには工事原価としての人件費は含まれていません。

「建設工事に従事した作業員（職人さんのことです）に対する賃金、給与など」は、この後の「完成工事原価報告書」に記載します。

販売費及び一般管理費で、税務申告用の決算書に記載された科目が建設業許可の財務諸表にない場合には、建設業許可の財務諸表の科目を適宜修正して記入し、計上されていない費用がないようにしましょう。

⑤営業利益（営業損失）

「売上総利益」から「販売費及び一般管理費」を引いた額が入ります。税務申告用の決算書の営業利益と同じ数字になります。この営業利益（営業損失）がいわゆる「本業で上がった売上から経費を引いた、本業の儲け（損失）」になります。

⑥営業外収益、営業外費用

税務申告用の決算書の「営業外収益、営業外費用」から転記します。

営業外収益には金融機関の預金の利息や保有する株式の配当金などが入り、営業外費用には借入金の利息などが入ります。

税務申告用の決算書から同じ科目のものを転記できる場合が多いでしょう。

⑦経常利益（経常損失）

「営業利益（営業損失）」に「営業外収益」を足し、「営業外損失」を引いた額が入ります。税務申告用の決算書の経常利益と同じ数字になります。会社の本業以外で生まれた利益を足した額です。

⑧特別利益、特別損失

税務申告用の決算書の「特別利益、特別損失」から転記します。特別利益には固定資産や長期保有した有価証券を売却した際に発生した利益などが入り、特別損失には固定資産を売却や除去した際に発生した損失などが入ります。税務申告用の決算書から同じ科目のものを転記できる場合が多いでしょう。

⑨税引前当期純利益

「経常利益（経常損失）」に「特別利益」を足し、「特別損失」を引いた額が入ります。税務申告用の決算書の経常利益と同じ数字になります。

⑩法人税、住民税及び事業税

税務申告用の決算書の「法人税、住民税及び事業税」から転記します。事業年度に課される税金の額です。

⑪当期純利益（当期純損失）

利益から税金を引いた、この期の最終的な儲けの額です。税務申告用の決算書の「当期純利益（当期純損失）」から転記します。

ここまでで損益計算書の記入は終了です。「完成工事高」と「兼業事業売上高」、「完成工事原価」と「兼業事業売上原価」の部分で建設業許可特有の振り分けなどが出てきますので、この点に注意して作成してください。

各種証明書の見方と集め方

建設業許可の申請には、公的機関が発行する各種証明書類を添付することになります。「住民票」や「登記されていないことの証明書」、「身元（身分）証明書」、「履歴事項全部証明書」や「納税証明書」などです。

添付する証明書はそれぞれ決められているものなので、間違えて違う証明書を取得してしまうことがないようにしましょう。それぞれ解説します。

住民票

住民票は普段からよく使う書類なので、よくご存知だと思います。住所地の市区町村役場で取得することになります。引っ越ししてから住所変更などを済ませていないと、正しい住民票が取得できませんので、住所変更などは事前に済ませる必要があります。

経営業務の管理責任者、専任技術者、令３条の使用人について、現住所の証明をする資料として添付することになります。申請先の都道府県等により添付が不要の場合もありますが、添付することとしている都道府県等が多いので、申請準備中に取得してしまうとよいでしょう。

登記されていないことの証明書

非常に聞き慣れない名前の書類ですが、営業許可などを取得する際にはよく使う書類です。法務局で取得しますが、地方の分局などでは取得できず、法務局または地方法務局の本局のみ窓口で取得できます。お近くの法務局の窓口で、その地域の本局がどこにあるかご確認ください。

法人の場合は申請する会社の役員全員（監査役を除く）、個人事業の場合は事業主自身の登記されていないことの証明書を申請書に添付することになります。

登記されていないことの証明書は、申請者などが欠格要件の一部に該当しないことを証明するための資料です。具体的には「成年被後見人・被保佐人等」に該当しないことが記載されています。

証明書を取得するには、ご本人や代理人の本人確認書類（運転免許証など）、委任状などが必要になりますので、請求する窓口までご確認ください。

また、登記されていないことの証明書は使用目的により記載される内容が変わるため、建設業許可申請で使うことを窓口で伝えると間違いありません。

身元（身分）証明書

一見すると運転免許証や社員証などと勘違いしてしまいますが、こちらも聞き慣れない書類で、市町村が発行する書類として存在します。地域により身分証明書、身元証明書と呼び名が違う場合がありますが、記載されている内容は同じもので、本籍地の市区町村役場で取得できます（住所地ではなく本籍地です）。

申請者などが欠格要件の一部に該当しないことを証明するための資料です。具体的には「禁治産者・準禁治産者」に該当しないことが記載されています。証明書を取得するには、ご本人や代理人の本人確認書類（運転免許証など）、委任状などが必要になりますので、請求する窓口までご確認ください。

法人の場合は申請する会社の役員全員（監査役を除く）、個人事業の場合は事業主自身の身元（身分）証明書を申請書に添付することになります。

履歴事項全部証明書

一般的に「会社の登記簿」と呼ばれる書類です。法人の方はよくご存知だと思います。現在は全て電子化されているため全国の法務局で管轄など関係なく取得できるので、お近くの法務局で取得されるとよいと思います。

「会社の登記簿」にはいくつか種類があり、建設業許可の申請で使うのは「履歴事項全部証明書」

になります。「現在事項証明書」「閉鎖事項証明書」だと使用できない都道府県等があるので、履歴事項全部証明書を取得するようにしてください。

印鑑証明書

申請する都道府県等によって、申請者（法人の場合は自社の、個人事業の場合は事業主本人）の印鑑証明書を提出する必要があります。申請書に押印されている各種の証明印が正しいものであるかどうかを確認するために、提出を求める都道府県等があります。都道府県等ごとの手引などで確認してください。

印鑑証明書は、法人の場合はお近くの法務局で、個人の場合は住所地の市区町村役場で取得できます。

納税証明書

納税証明書には様々な種類がありますが、建設業許可の申請で使うのは、知事許可の場合は都道府県税事務所が発行する事業税（法人は法人事業税、個人事業は個人事業税）の納税証明書で、大臣許可の場合は管轄税務署が発行する法人事業税または個人所得税の納税証明書です。

違う税目の納税証明書を取得しても、正しい建設業許可の申請書は出来上がりませんので、取得する際には、許可申請の種類に応じた納税証明書を取得するようにしてください。

確認資料の見方と集め方

確認資料は、主に経営業務の管理責任者の経営経験、専任技術者の実務経験、経営業務の管理責任者と専任技術者が常勤であること、財産的基礎、保険加入状況などを証明するための裏づけとなる書類のことです。

申請書に記載されているこれらの情報が、「客観的に正しいか」どうかを、確認資料を使って裏づけていくことになります。

申請書の様式や証明書類は都道府県等が違っても同じものを使うのに対して、確認資料は都道府県等ごとに若干違いがあります。申請先の都道府県等によって提出しなければならない書類、提出しなければならない分量が違いますので、各都道府県等の手引などを確認してください。

ここでは一般的に提出を求められることが多いもの、提出が求められる分量のパターンを例示します。

書類の種類、分量は違えど、次のすべての項目で確認資料が必要になることは、どの都道府県等への申請でも同様です。

適切な経営体制の確認資料

常勤役員のうち１人が、過去に取締役や理事、執行役員、経営業務の管理責任者に次ぐ地位、補助する役職などに就いていたことを確認するための資料です。

この他、その役職についている期間に建設業を営んでいた期間があることを確認する資料を併せて準備することになります。

①役職名等を確認するための資料

過去に取締役、理事、執行役員、経営業務を補助する役職にあった経験が必要です。

これらの役職にあったことを確認するための資料です。経験した役職によって提出書類が違います。

イ　取締役としての経験

取締役としての経験は、取締役を務めた法人の履歴事項全部証明書を取得すれば比較的簡単にはっきりした履歴を確認することができます。

おおよそ3年前までの履歴は履歴事項全部証明書に記載がありますが、これ以上前の登記事項については「閉鎖事項証明書」という書類に記載されていますので、取締役を務めた法人の履歴事項全部証明書、閉鎖事項証明書を法務局で遡って取得すれば、過去の取締役経験についてはすべて確認することができます。証明したい期間の取締役経験が記載されている証明書をすべて取得しましょう。

ロ　個人事業主としての経験

個人事業主としての経験は、過去の所得税確定申告書を見れば確認することができます。

確定申告書の表紙には売上等の情報のほか、屋号や業種、事業主の氏名なども記載されているので、これを見れば個人事業主を努めた経験が明らかになります。確定申告した際に税務署の受付印が押印されているものを用意するようにしてください。

また、よくご相談いただく内容で過去の確定申告書を紛失してしまっているケースでは、（原則的には）過去7年分であれば確定申告書を提出した税務署でコピーを出してくれることがあります。

もしどうしても手元にない場合には、管轄の税務署にご相談してみてください。

ハ　執行役員としての経験

執行役員としての経験は、執行役員が履歴事項全部証明書などに記載されない（登記上の役員ではない）ため、証明することが少し難しくなります。

執行役員としての経験をもって経営業務の管理責任者になろうとする場合、次のような資料を準備した上で、事前に申請する都道府県等の窓口でご相談されることをおすすめします。

- 執行役員を務めた会社の履歴事項全部証明書
- 執行役員を務めた会社の取締役会議事録（執行役員に任命されたことがわかるもの）
- 辞令書、人事発令書など執行役員に任命され、具体的な権限が記載された資料
- 執行役員規程、職務分掌規程など職務内容が確認できる資料

どこまでの資料が求められるか、申請先の都道府県などによりマチマチです。ある程度（従業員数100名～）以上の規模の会社での経験を想定しているといえます。

ニ　経営業務を補助した経験

経営業務を補助した経験は、執行役員同様に履歴事項全部証明書などに記載されない上、過去に発行された契約書など外部との書類上の記録の中に残りにくい経験です。そのため、補助経験を明らかに確認できる資料を集める作業は、かなりの困難が予想されます。具体的には以下のような資料をできだけ多く揃えて、準備段階で申請する予定の窓口に相談し、確認してもらうのがよいでしょう。

・補助経験のある会社の履歴事項全部証明書
・辞令書、人事発令書など役職に任命され、具体的な権限が記載された資料
・会社の組織図等、務めた役職が経営業務を補助するポジションになったことがわかる資料
・職務分掌規程など職務内容が確認できる資料
・その他見積書等で補助する者の氏名等が記載されている資料など
・資金調達、下請業者の契約に関する業務に携わったことがわかる資料など

②その役職にあった時期に建設業を営んでいたことを確認するための資料

経営経験のある役職にあった期間、実際に建設業を営んでいたことを確認するための資料です。
具体的には次のような資料です。

a　建設業許可を持っている会社などでの経験

・建設業許可の決算変更届（営業報告）必要期間分
・建設業の許可証、許可証明書の必要期間分
b 建設業許可を持っていない会社などでの経験
・建設工事の請負契約書、注文書、請書など必要期間分
・契約書などがない場合、建設工事の請求書と通帳などの入金履歴必要期間分
・発注者が工事を発注していたことを証明した書類など必要期間分

建設業を営んでいたことを確認するための資料は、申請する都道府県等によりかなり扱いが異なります。建設業許可を持っている会社などでの経験は、建設業許可に関係する許可証や決算変更届（営業報告）で確認しやすいですが、建設業許可を持っていない会社などでの経験は、５００万円以下の軽微な工事を重ねてきた経験を証明することになります。

証明するのに必要な件数も、1年間に1件程度でいい都道府県等は6～7件分でクリアできるのに対し、年間4～5件を必要期間分揃えなければならない県や、毎月1件以上必要になる県もあり、様々です。

また、請求書の控えだけでいい県もあれば請負契約書や注文書の原本を提示する必要のある県もあるため、建設業許可を持っていない会社などでの経験で経営業務の管理責任者になろうとする場合は、事前に申請する都道府県等の窓口にご相談するのが確実です。

どんな資料をどのくらいの分量揃える必要があるか、ゴールを明確にして進めてください。

実務経験（または指導監督的実務経験）の確認資料

専任技術者に実務経験（または指導監督的実務経験）が必要な場合に、過去に申請業種の実務経験を有していることを確認するための資料です。実務経験は、許可を受けようとする建設工事に関する技術上の経験をいいます。工事現場の清掃などの雑務、単なる事務作業などは含みません。

また、指導監督的実務経験とは、建設工事の設計または施工の全般について，工事現場主任または工事現場監督のような資格で工事の技術面を総合的に指導した経験をいいます。単に現場作業員として上長の指揮のもとに工事に従事した経験は含みません。具体的には次のような資料です。

ａ 建設業許可を持っている会社などでの経験

・建設業許可の決算変更届（営業報告）必要期間分

・建設業の許可証、許可証明書の必要期間分

ｂ 建設業許可を持っていない会社などでの経験

・建設工事の請負契約書、注文書、請書など必要期間分

・契約書などがない場合、建設工事の請求書と通帳などの入金履歴必要期間分

実務経験を確認するための資料は、申請する都道府県等によりかなり扱いが異なります。建設業許可を持っている会社などでの経験は、建設業許可に関係する許可証や決算変更届（営業報告）で確認しやすいですが、建設業許可を持っていない会社などでの経験は、５００万円以下の軽微な工事を重ねてきた経験を証明することになります。

証明するのに必要な件数も、1年間に1件程度でいい都道府県等は5～10件分でクリアできるのに対し、請負契約書などが残っている期間だけ実務経験としてカウントする県などもあり、様々です。

また、ご覧いただいてわかるとおり、実務経験を確認するための資料は、建設業を営んでいたことを確認するための資料と重なります。同じ期間を確認してほしい場合には、経営経験と実務経験それぞれ用意することなく双方に流用できることになります。建設業を営んでいたことを確認するための資料と同様に、事前に申請する都道府県等の窓口にご相談するのが確実です。

また、実務経験の期間にその会社に所属していたことを確認する都道府県等もあります。その場合は年金加入記録などを取得して、実務経験の期間にその会社に所属していたことが明らかになるようにする必要があります。

常勤性の確認資料

経営業務の管理責任者、専任技術者、令3条の使用人は、それぞれ所属する営業所に常勤である必要があります。この常勤性を確認するための資料です。主に「自社に常勤であることの確認するための資料」と「住所を確認するための資料」に分かれます。

単に書類上常勤であるだけでなく、実際に毎日出勤できる範囲に住んでいるかどうかを確認するという構成です。それぞれを次の①②として解説します。

①自社に常勤であることを確認するための資料

次の資料のうち、いずれか1つを提出する場合が多いです。法人の場合は、常勤社員であれば法令上健康保険や厚生年金に加入しているはずなので、この決定通知書などに名前の記載があれば、常勤であることが確認できます。

- 健康保険・厚生年金被保険者標準報酬決定通知書のコピー
- 健康保険・厚生年金被保険者資格取得確認及び報酬決定通知書のコピー
- 住民税特別徴収義務者指定及び税額通知の写
- 確定申告書表紙及び専従者一覧表（個人事業の場合）

ただし、これらの書類に記載のある標準報酬というおおよその給与額や、住民税額があまりに少額の場合、本当に常勤しているのかどうかが疑わしくなります。常勤していればその仕事で生計を立てていることになりますが、これらがあまりに少額の場合は、他の仕事をしているのではないか、という疑いが出てきます。

②住所を確認するための資料

経営業務の管理責任者、専任技術者、令3条の使用人の住民票を提出します。住民票は「謄本」と「抄本」というものがあり、「謄本」は住民票に記載さている家族全員分、「抄本」は指定した本人1名分のもので、建設業許可で使用するのは本人だけで構わないので、経営業務の管理責任者、専任技術者、令3条の使用人の「抄本」を取得してください。

また、様々な事情で住民票に記載されている住所と実際に住んでいる場所（「居所」といいます）が違う場合があります。会社の都合で単身赴任している場合などがこれにあたりますが、この場合は住民票だけだと遠隔地に住んでいるように見えて、営業所に常勤していることが判断できません。

例えば、住民票記載の住所が新潟市で、東京の営業所に単身赴任している場合で、住民票だけだと新潟市に住んでいることになるので、東京の営業所に毎日勤務できるとは思えません。

このような場合は、東京で実際に住んでいる居所のアパートなどが別途あるはずなので、このアパートの賃貸借契約書などを合わせて提出します。居所が営業所の近くにあることが確認できれば、常勤性があると判断されるケースがあります。都道府県等により扱いが異なりますので、事前に窓口にご相談ください。

保険加入状況の確認資料

近年、建設業者に対する社会保険、労働保険などの加入促進が国交省と厚労省（厚生労働省）連携のもとに進められています。建設業許可を取得する際にも、この加入状況が適正に処理されているかを確認しています。社会保険（健康保険と厚生年金）と労働保険（雇用保険と労災保険）の加入状況を確認する資料に分かれます。

①社会保険の確認資料

社会保険加入の事実を確認するために次のような資料からいずれかを提出します。都道府県等により扱いが異なりますので、事前に窓口に相談するか、手引等をご確認ください。個人事業で社会保険未加入などの場合は提出不要です。

・健康保険・厚生年金被保険者標準報酬決定通知書のコピー
・健康保険・厚生年金被保険者資格取得確認及び報酬決定通知書のコピー
・健康保険・厚生年金の支払済保険料領収書のコピー

②労働保険の確認資料

労働保険加入の事実を確認するために次のような資料からいずれかを提出します。都道府県等により扱いが異なりますので、事前に窓口に相談するか、手引等をご確認ください。従業員がいない場合や家族従事者のみの場合など、労働保険未加入などの場合は提出不要です。

・直近の労働保険概算・確定保険料申告書と領収書のコピー
・保険料納入通知書と支払済保険料領収書のコピー（労働保険事務組合に事務委託の場合）

財産的基礎の確認資料

第2章の「財産的基礎」の部分で触れたとおり、建設業許可を取得するには一定の財産的基礎があることが要件になっています。直近の決算上、財産的基礎をクリアしていれば確認資料は不要です。一般建設業と特定建設業とで財産的基礎の基準が違いますが、確認資料が必要な場合は、次の①②の資料を添付します。

①一般建設業の場合

一般建設業では、直近の決算で財産的基礎をクリアしていない場合、「500万円以上の資金調達能力を有すること」を確認する資料を提出することになります。

具体的には金融機関からの融資可能証明書（金融機関により名前は違います）や、自社の銀行預金口座の残高証明書などを提出します。

一般的には、残高証明書を提出することが多いようです。

残高証明書は取引金融機関から、何月何日付で預金口座の残高は何円だった、ということを証明してもらう書類で、これが500万円以上の残高であれば、一般建設業の財産的基礎をクリアしているという判断をする都道府県等が多いです。なお、残高証明書の有効期限は1ヶ月だけなので、申請のタイミングに合わせて取得するようにしましょう。

②特定建設業の場合

特定建設業の場合は、直近の決算上の財務状況によって判断されるため、残高証明書などを添付するだけでは財産的基礎の要件をクリアすることができません。

特定建設業を取得しようとする場合、申請期の直前期の決算を組む前の段階から顧問税理士等と相談しながら、特定建設業の財産的基礎をクリアするような決算を組む必要があります。よって、特定建設業の場合は財産的基礎の確認資料は不要です。

営業所の確認資料

営業所が、建設業を営む最低限の設備などを備えているか、また、使用権限があるのかを確認するための資料です。いわゆるペーパーカンパニーや、実際には存在しない場所でないかどうかを確認するためのものです。

具体的には、建設業の営業所には打合せスペース、見積もりや契約等を行う事務机、電話、コピーなどの計器などがないと、建設業の営業所としての体裁が整っていないと判断されるケースがあります。次の①②の資料を提出します。

①営業所の使用権限を確認する書類

営業所の物件が自社所有の場合には、建物の登記簿謄本等を提出します。所有者が自社になっていれば、使用権限は当然あることになります。賃貸のテナント物件などの場合は、事務所の賃貸借契約書のコピーを提出します。

このとき、賃貸物件の使用目的や賃貸借の期間などを確認してください。使用目的が「居宅」や「倉庫」などの場合には、営業用の事務所としては使用できないことになりますので、別途契約を締結し直すか営業所として使用することの承諾を書面で大家さんからもらうなど、対応が必要になります。

賃貸借の期間が過ぎている場合、一般的には「自動更新」と言って、一方が解除の申し出をしない限り自動で賃貸借契約が更新される条項が入っている場合があります。この場合は自動更新されていることが明白になるように、直近3ヶ月程度の賃料支払履歴（通帳のコピーや銀行の払込票など）を添えると、許可の手続がスムーズに進むでしょう。

②写真

営業所の写真を添付する場合があります。提出することになる都道府県等が多いです。写真は、営業所が建設業を営むに足る設備などを有しているか、営業所として人が出入りする体裁が整っているかなどを確認しますので、事務所内観を数点、出入り口付近や表札、看板などが写っているものを数点、建物全体が入るようなアングルで数点、用意するとよいでしょう。また、営業所がビルの一室などの場合は、エントランスの案内板や郵便受けなど、営業所の実体があることがわかるような写真も合わせて用意します。

単に営業所の写真を提出するだけでなく、許可証交付前に営業所の現地確認を行う都道府県等もあります。申請する都道府県等の手引をご確認ください。

申請書の組み上げ作業と作成部数など

ここまで建設業許可の申請に必要な書類を一通り見てきました。おそらく想像していたより大分ボリュームのあるものだったのではないでしょうか。

今後はこれらを、申請できる状態まで整えていく作業をします。大きく分けて「様式＋証明書類」と「確認資料」の2つの部分に分かれ、書類を重ねる順番は都道府県等により若干違いがありますが、基本的には様式の番号どおりに重ねていき、間に各種証明書類が挟まる構成になります。申請先の都道府県等の手引をご確認ください。確認書類は後ろにまとめます。

申請書が1部出来上がったら、これをコピーして複数の申請書をつくる必要があります。申請書自体は申請先の都道府県等の窓口に提出してしまいますが、申請時の控えは自社で保管する必要があるため、2〜3部提出させてそのうち1部を自社控えとして返却する都道府県等がほとんどです。

提出部数が何部なのか都道府県等により違いますので、事前に申請先の都道府県等の手引を確認してください。

なお、このときに添付する証明書類などは、すべてコピーで結構です。3部提出するからといって履歴事項全部証明書を3部取得する必要はありませんので、証明書類の原本は窓口に提出する分だけと理解してください。

最後に様式など必要な部分に代表印などで押印し、申請準備は完了ということになります。

誤字や書類の抜けなど、不備がないか見直しするとよいでしょう。

コラム　建設業界を取り巻く状況

建設業界は近年様々な法改正が行われていることは「はじめに」でも触れたとおりです。2019年4月の現在では、本書にも記載のある「経営業務の管理責任者」という要件自体を撤廃しようという法改正案が閣議決定されたところです(実際に施行されるのは数年先です)。社会保険の加入を建設業許可の必須要件とすることも予定されています。

建設業界を直接規制する建設業法のほかにも、外国人労働者受け入れの幅を広げる入管法改正や技能実習制度の拡充、事業承継に関する税制の規制緩和など、中小規模の建設業者にとって事業を継続しやすい制度が複数できています。

これらの改正は、建設業界が近年抱えている諸問題を制度面からサポートするためのものと言えます。日々建設業界のお客様とお話していると、経営層のなかで一番多いお悩みが人手不足です。経営層の高齢化が進み労働人口が減っていくことが確定している状況では、若年層を働き手として確保していくことは業界全体として取り組むべき問題ということになります。

社会保険加入が許可要件になるのも、旧来の雇用関係が安定しない建設業界を改善し、若年層にとって魅力ある業界にする意図を持っているようです。また、人口減少（日本国内において。世界的には爆発的に増加しています）に伴う労働人口減少を当面改善していくため、外国人労働者を受け入れやすい制度設計をする方針転換も行われています。事業承継税制も、経営層の高齢化に対応するための制度といえます。

第4章　申請書の実例でコツを掴もう！

1　ポイントを押さえた必要最低限の申請をする

ここまで申請書の書き方を解説しましたが、実際にやってみないとよくわからない部分があると思います。ここからは実際に申請書のサンプルを見ながら、実例を基に申請のコツを確認していきます。

実際に作成してみると、書き方や添付書類等の不備で窓口審査の段階で受付してもらえず返される場合も多々あると思います。行政書士などに依頼せず自社で許可申請をした事業者からは、最初に提出に行ってから受付してもらうまで半年かかったというお話もよく聞きます。一発合格！　は少し難しいかもしれませんが、本書を見ながら申請窓口の指導も踏まえて作成すれば、ゴールまで届くはずです。

なお、建設業許可には95点の許可と62点の許可、というものはありません。許可申請が受付され、審査を経て許可証が交付されれば、すべて同じです。許可取得できるように要件をクリアしていることを申請書上で明らかにすればよく、余分な書類を大量に提出したり、窓口で担当官と直談判や交渉などをするのは、ほとんど無駄な労力です。

窓口で大声を出している方などをよく見ますが、大声を出しても必要な書類が整わなければ申請できませんし、点数が上がることもありません（建設業許可には点数はありません）。

逆にポイントを押さえた申請書になっていれば、何の交渉も必要なく許可が出ます。ポイントを押さえた必要最低限の申請を心がけるようにできるのがベストです。

2　地域密着施工業者の建設業許可申請書

匠工務店の申請書例

最もご相談の多い類型の許可申請として、都道府県知事許可の一般建設業があります。建設業界はよく言われるように、スーパーゼネコンと呼ばれる大規模な建設会社を頂点とした三角形のピラミッド型構造であり、中層以下の大部分は地場に根ざした工務店や中小規模の専門業者が占めています。

ここでは、地場で下請メインで内装工事業を営んでいる事業者を想定したサンプルを見てみます。社長と奥様が取締役を務めて、社長が経営業務の管理責任者と専任技術者を兼任しています。従業員は５名程度を想定しています。

経営業務の管理責任者としての経験は、社長が個人事業から法人成りしてから取締役を務めた経験が６年９ヶ月です。専任技術者としては１級内装仕上げ施工技能士の資格を保有しています。役員や株主等の中に欠格事由に該当する者はおらず、直近の決算上の純資産合計が１４，１２９千円で財産的基礎の要件をクリアしています。

〔図表 34-1　匠工務店様式第一号〕

様式第一号（第二条関係）

（用紙Ａ４）
00001

建 設 業 許 可 申 請 書

この申請書により、建設業の許可を申請します。
この申請書及び添付書類の記載事項は、事実に相違ありません。

年　　月　　日

~~地方整備局長~~
~~北海道開発局長~~
宮城県知事　殿

仙台市青葉区○○
株式会社匠工務店
申請者　代表取締役　伊達　正宗

行政庁側記入欄

項目	項番	記入内容
許可番号	01	大臣/知事 コード　国土交通大臣/知事 許可（般/特－　）第　　号　許可年月日 令和　年　月　日
申請の区分	02	（1.新規 2.許可換え新規 3.般・特新規 4.業種追加 5.更新 6.般・特新規＋業種追加 7.般・特新規＋更新 8.業種追加＋更新 9.般・特新規＋業種追加＋更新）　許可の有効期間の調整 2（1.する 2.しない）
申請年月日	03	令和　年　月　日
許可を受けようとする建設業	04	土 建 大 左 と 石 屋 電 管 タ 鋼 筋 舗 しゅ 板 ガ 塗 防 内 機 絶 通 園 井 具 水 消 清 解 ／ 内：1（1.一般 2.特定）
申請時において既に許可を受けている建設業	05	
商号又は名称のフリガナ	06	タクミコウムテン
商号又は名称	07	（株）匠工務店
代表者又は個人の氏名のフリガナ	08	ダテ マサムネ
代表者又は個人の氏名	09	伊達 正宗　支配人の氏名
主たる営業所の所在地市区町村コード	10	04101　都道府県名 宮城県　市区町村名 仙台市青葉区
主たる営業所の所在地	11	○○
郵便番号	12	980－0000　電話番号 022－000－0000
		ファックス番号 022-000-0000
法人又は個人の別	13	1（1.法人 2.個人）　資本金額又は出資総額 5000（千円）　法人番号 0000000000000
兼業の有無	14	2（1.有 2.無）　建設業以外に行っている営業の種類
許可換えの区分	15	（1.大臣許可→知事許可　2.知事許可→大臣許可　3.知事許可→他の知事許可）
旧許可番号	16	大臣/知事 コード　国土交通大臣/知事 許可（般/特－　）第　　号　旧許可年月日 平成　年　月　日

役員等、営業所及び営業所に置く専任の技術者については別紙による。

連絡先
所属等　　氏名　　電話番号
ファックス番号

〔図表 34-2　匠工務店別紙一〕

別紙一　　　　　　　　　　　　　　　　　　　　　　　　　　（用紙Ａ４）

役員等の一覧表

平成　　年　　月　　日

役員等の氏名及び役名等		
氏《フリ》　　名《ガナ》	役　名　等	常勤・非常勤の別
伊達《ダテ》　正宗《マサムネ》	代表取締役	常勤
伊達《ダテ》　まり子《マリコ》	取締役	非常勤

1　法人の役員、顧問、相談役又は総株主の議決権の100分の５以上を有する株主若しくは出資の総額の100分の５以上に相当する出資をしている者（個人であるものに限る。以下「株主等」という。）について記載すること。

2　「株主等」については、「役名等」の欄には「株主等」と記載することとし、「常勤・非常勤の別」の欄に記載することを要しない。

〔図表 34-3　匠工務店別紙二〕

別紙二　（1）　　　　　　　　　　　　　　　　　　　　　　　　（用紙Ａ４）

営業所一覧表（新規許可等）

行政庁側記入欄

区　　分　　項番 8 1　3

大臣／知事 コード

許可番号　　項番 8 2　3　　国土交通大臣／知事　許可（般／特－　）第 5　10 号　　許可年月日 平成 11 年 13 月 15 日

（主たる営業所）

主たる営業所の名称　　フリガナ　ホンテン
本店

営業しようとする建設業　8 3
土 建 大 左 と 石 屋 電 管 タ 鋼 筋 舗 しゅ 板 ガ 塗 防 内 機 絶 通 園 井 具 水 消 清 解
（内：1）　（1. 一般　2. 特定）
3　5　10　15　20　25　30
変更前

（従たる営業所）　該当なし

従たる営業所の名称　8 4　フリガナ
3　5　10　15　20
23　25　30　35　40

内容

従たる営業所の所在地市区町村コード　8 5　3　5　都道府県名　　市区町村名

従たる営業所の所在地　8 6
3　5　10　15　20
23　25　30　35　40

郵便番号　8 7　3　5 － 6　　電話番号　10　15　20

営業しようとする建設業　8 8
土 建 大 左 と 石 屋 電 管 タ 鋼 筋 舗 しゅ 板 ガ 塗 防 内 機 絶 通 園 井 具 水 消 清 解
（1. 一般　2. 特定）
3　5　10　15　20　25　30
変更前

（従たる営業所）

従たる営業所の名称　8 4　フリガナ
3　5　10　15　20
23　25　30　35　40

内容

従たる営業所の所在地市区町村コード　8 5　3　5　都道府県名　　市区町村名

従たる営業所の所在地　8 6
3　5　10　15　20
23　25　30　35　40

郵便番号　8 7　3　5 － 6　　電話番号　10　15　20

営業しようとする建設業　8 8
土 建 大 左 と 石 屋 電 管 タ 鋼 筋 舗 しゅ 板 ガ 塗 防 内 機 絶 通 園 井 具 水 消 清 解
（1. 一般　2. 特定）
3　5　10　15　20　25　30
変更前

〔図表 34-4　匠工務店別紙四〕

別紙四

専任技術者一覧表

平成　　年　　月　　日

営業所の名称	専任の技術者の氏名《フリガナ》	建設工事の種類	有資格区分
本店	伊達《ダテ》　正宗《マサムネ》	内-7	93

〔図表 34-4　匠工務店様式第二号〕

様式第二号（第二条、第十九条の八関係）　　（用紙Ａ４）

工事経歴書

（建設工事の種類）　内装仕上　工事（税込・税抜）

注文者	元請又は下請の別	JVの別	工事名	工事現場のある都道府県及び市区町村名	配置技術者 氏名	主任技術者	監理技術者	請負代金の額	うち、・PC・法面処理・鋼橋上部	工期 着工年月	完成又は完成予定年月
有限会社佐藤商事	下請		○○旅館内装工事	宮城県 亘理町	佐々木　健二	レ		19,074 千円	千円	平成29年11月	平成30年1月
エース工業株式会社	下請		○○薬局内装工事	宮城県 名取市	佐藤　修一	レ		18,250 千円	千円	平成29年4月	平成29年7月
有限会社佐藤商事	下請		○○病院内装工事	宮城県 仙台市	太田　一郎	レ		16,888 千円	千円	平成29年4月	平成29年10月
有限会社佐藤商事	下請		○○郵便局内装工事	宮城県 名取市	鈴木　健一	レ		16,516 千円	千円	平成29年3月	平成29年5月
大友ハウジング	下請		地下鉄○○駅内装工事	宮城県 仙台市	小阪　修司	レ		14,080 千円	千円	平成29年2月	平成29年9月
大友ハウジング	下請		B邸内装工事	宮城県 東松島市	太田　一郎	レ		13,697 千円	千円	平成29年10月	平成30年1月
株式会社紺野組	下請		市内共同住宅内装工事	宮城県 仙台市	鈴木　健一	レ		12,920 千円	千円	平成29年3月	平成29年5月
有限会社佐藤商事	下請		○○ビルテナント内装工事	宮城県 仙台市	太田　一郎	レ		12,360 千円	千円	平成29年6月	平成29年12月
エース工業	下請		A邸内装工事	宮城県 仙台市	佐藤　修一	レ		11,060 千円	千円	平成29年3月	平成29年6月
株式会社紺野組	下請		○○保育園内装工事	宮城県 仙台市	鈴木　健一	レ		9,300 千円	千円	平成29年2月	平成29年3月
エース工業	下請		C邸内装工事	福島県 伊達市	鈴木　健一	レ		7,000 千円	千円	平成29年12月	平成30年1月
								千円	千円	平成　年　月	平成　年　月
								千円	千円	平成　年　月	平成　年　月

	件数	請負代金の額	うち、PC等	うち　元請工事	
小計	11 件	151,145 千円	千円	千円	千円
合計	27 件	208,507 千円	千円	千円	千円

〔図表 34-5　匠工務店様式第三号〕

様式第三号　（第二条関係）　　　　　　　　　　　　　　　　　　（用紙Ａ４）

直前３年の各事業年度における工事施工金額

（税込・税抜／単位：千円）

事業年度	注文者の区分		許可に係る建設工事の施工金額 (内)　工事	工事	工事	工事	その他の建設工事の施工金額	合計
第 3 期	元請	公共	0				0	0
平成27年 2月 1日から		民間	3,000				0	3,000
	下請		180,555				0	180,555
平成28年 1月 31日まで	計		183,555				0	183,555
第 4 期	元請	公共	0				0	0
平成28年 2月 1日から		民間	0				0	0
	下請		170,400				0	170,400
平成29年 1月 31日まで	計		170,400				0	170,400
第 5 期	元請	公共	0				0	0
平成29年 2月 1日から		民間	0				0	0
	下請		208,507				0	208,507
平成30年 1月 31日まで	計		208,507				0	208,507
第　期	元請	公共						
平成　年　月　日から		民間						
	下請							
平成　年　月　日まで	計							
第　期	元請	公共						
平成　年　月　日から		民間						
	下請							
平成　年　月　日まで	計							
第　期	元請	公共						
平成　年　月　日から		民間						
	下請							
平成　年　月　日まで	計							

記載要領

1　この表には、申請又は届出をする日の直前３年の各事業年度に完成した建設工事の請負代金の額を記載すること。

2　「税込・税抜」については、該当するものに丸を付すこと。

3　「許可に係る建設工事の施工金額」の欄は、許可に係る建設工事の種類ごとに区分して記載し、「その他の建設工事の施工金額」の欄は、許可を受けていない建設工事について記載すること。

4　記載すべき金額は、千円単位をもつて表示すること。
　ただし、会社法（平成１７年法律第８６号）第２条第６号に規定する大会社にあつては、百万円単位をもつて表示することができる。この場合、「（単位：千円）」とあるのは「（単位：百万円）」として記載すること。

5　「公共」の欄は、国、地方公共団体、法人税法（昭和４０年法律第３４号）別表第一に掲げる公共法人（地方公共団体を除く。）及び第１８条に規定する法人が注文者である施設又は工作物に関する建設工事の合計額を記載すること。

6　「許可に係る建設工事の施工金額」に記載する建設工事の種類が５業種以上にわたるため、用紙が２枚以上になる場合は、「その他の建設工事の施工金額」及び「合計」の欄は、最終ページにのみ記載すること。

7　当該工事に係る実績が無い場合においては、欄に「０」と記載すること。

〔図表34-6　匠工務店様式第四号〕

様式第四号（第二条関係）　　　　　　　　　　　　（用紙Ａ４）

使　用　人　数

平成　　年　　月　　日

営業所の名称	技術関係使用人		事務関係使用人	合　計
	建設業法第７条第２号イ、ロ若しくはハ又は同法第15条第２号イ若しくはハに該当する者	その他の技術関係使用人		
本店	１　人	２　人	０　人	３　人
合　計	１　人	２　人	０　人	３　人

記載要領

1　この表には、法第５条の規定（法第１７条において準用する場合を含む。）に基づく許可の申請の場合は、当該申請をする日、法第１１条第３項（法第１７条において準用する場合を含む。）の規定に基づく届出の場合は、当該事業年度の終了の日において建設業に従事している使用人数を、営業所ごとに記載すること。

2　「使用人」は、役員、職員を問わず雇用期間を特に限定することなく雇用された者（申請者が法人の場合は常勤の役員を、個人の場合はその事業主を含む。）をいう。

3　「その他の技術関係使用人」の欄は、法第７条第２号イ、ロ若しくはハ又は法第１５条第２号イ若しくはハに該当する者ではないが、技術関係の業務に従事している者の数を記載すること。

〔図表 34-7　匠工務店様式第六号〕

様式第六号（第二条関係）　　　　（用紙Ａ４）

誓　　約　　書

申請者、申請者の役員等及び建設業法施行令第３条に規定する使用人並びに法定代理人及び法定代理人の役員等は、同法第８条各号（同法第17条において準用される場合を含む。）に規定されている欠格要件に該当しないことを誓約します。

平成　　年　　月　　日

仙台市青葉区〇〇
株式会社匠工務店
申請者　代表取締役　伊達　正宗　　　印

~~地方整備局長~~
~~北海道開発局長~~
宮城県知事　　殿

記載要領

「　地方整備局長
北海道開発局長　　については、不要のものを消すこと。
知事　」

〔図表 34-8　匠工務店様式第七号〕

様式第七号（第三条関係）

（用紙A４）

0 0 0 0 2

常勤役員等（経営業務の管理責任者等）証明書

（1）　下記の者は、建設業に関し、次のとおり第７条第１号イ {(1) ~~(2)~~ ~~(3)~~} に掲げる経験を有することを証明します。

役職名等　取締役

経験年数　H 24年　4月から　H 30年　12月まで　満 6年　9月

証明者と被証明者との関係　代表取締役

備考

令和　年　月　日

仙台市青葉区○○
株式会社匠工務店
証明者　代表取締役　伊達　正宗

（2）　下記の者は、許可申請者 {の常勤の役員 ~~本人~~ ~~の支配人~~} で第７条第１号イ {(1) ~~(2)~~ ~~(3)~~} に該当する者であることに相違ありません。

令和　年　月　日

~~地方整備局長~~
~~北海道開発局長~~
宮城県知事　殿

仙台市青葉区○○
株式会社匠工務店
申請者 ~~届出者~~　代表取締役　伊達　正宗

申請又は届出の区分　項番 1 7　1　（1. 新規　2. 変更　3. 常勤役員等の更新等）

変更の年月日　平成　年　月　日

許可番号　1 8　大臣/知事コード □□　国土交通大臣/知事 許可（般/特－□□）第□□□□□□号　許可年月日 □□年□□月□□日

記

◎【新規・変更後・常勤役員等の更新等】

氏名のフリガナ　1 9　ダ テ

氏名　2 0　伊 達 　 正 宗

元号〔令和R、平成H、昭和S、大正T、明治M〕

生年月日　S 5 4年 0 1月 0 1日

住所　仙台市青葉区中央1丁目1番1号

◎【変更前】

氏名　2 1 □□□□□□□□□□

元号〔令和R、平成H、昭和S、大正T、明治M〕

生年月日　□□年□□月□□日

備考
常勤役員等の略歴については、別紙による。

〔図表 34-9　匠工務店別紙〕

別紙　　　　　　　　　　　　　　　　　　　　　　　　　　　　（用紙Ａ４）

常勤役員等の略歴書

現住所	仙台市青葉区中央1丁目1番1号			
氏名	伊達　正宗	生年月日	S　54年　1月　1日生	
職名	代表取締役　（常勤）			

	期間	従事した職務内容
職歴	自　H15年　4月　1日 至　H20年　3月　31日	有限会社阿部工務店入社。戸建住宅の内装工事の現場作業員として従事する。
	自　H20年　4月　1日 至　H24年　3月　31日	個人事業として独立し、内装工事の請負を開始する（屋号：匠内装）
	自　H24年　4月　1日 至　年　月　日	株式会社匠工務店設立、代表取締役に就任。以後内装工事の請負事業を行う。
	自　年　月　日 至　年　月　日	現在に至る。
	自　年　月　日 至　年　月　日	
	自　年　月　日 至　年　月　日	
	自　年　月　日 至　年　月　日	
	自　年　月　日 至　年　月　日	
	自　年　月　日 至　年　月　日	
	自　年　月　日 至　年　月　日	
	自　年　月　日 至　年　月　日	
	自　年　月　日 至　年　月　日	
	自　年　月　日 至　年　月　日	
	自　年　月　日 至　年　月　日	

	年月日	賞罰の内容
賞罰		なし

上記のとおり相違ありません。

令和　　年　　月　　日　　　　　　　　　　氏名　伊達　正宗

記載要領

※　「賞罰」の欄は、行政処分等についても記載すること。

〔図表 34-10　匠工務店様式第八号〕

様式第八号（第三条関係）

（用紙A４）

0 0 0 0 3

専任技術者証明書（新規・~~変更~~）

①　下記のとおり、{ 建設業法第７条第２号 / ~~建設業法第15条第２号~~ } に規定する専任の技術者を営業所に置いていることに相違ありません。

（２）　下記のとおり、専任の技術者の交替に伴う削除の届出をします。

平成　　年　　月　　日

~~地方整備局長~~
~~北海道開発局長~~
宮城県知事 殿

仙台市青葉区○○
株式会社匠工務店
申請者 ~~届出者~~ 代表取締役　伊達　正宗　印

区　分　項番 61　1（ 1. 新規許可等　2. 専任技術者の担当業種又は有資格区分の変更　3. 専任技術者の追加　4. 専任技術者の交替に伴う削除　5. 専任技術者が置かれる営業所のみの変更 ）

許可番号　62　大臣/知事コード 04　~~国土交通大臣~~ 宮城県知事 許可（般/~~特~~－25）第019944号　許可年月日 平成26年01月16日

記

項番 フリガナ	（フリガナ）ダテ　マサムネ　　元号〔平成H、昭和S、大正T、明治M〕
氏名	63　ダテ　伊達　正宗　生年月日 S 54年01月01日
	土 建 大 左 と 石 屋 電 管 タ 鋼 筋 舗 しゅ 板 ガ 塗 防 内 機 絶 通 園 井 具 水 消 清 解
今後担当する建設工事の種類	64　7（内）
現在担当している建設工事の種類	
有資格区分	65　[1] 93　[2]　[3]　[4]　[5]　[6]　[7]　[8]
変更、追加又は削除の年月日	平成　年　月　日　　営業所の名称（旧所属）
専任技術者の住所	仙台市青葉区中央1丁目1番1号　　営業所の名称（新所属）本店

項番 フリガナ	（フリガナ）　　元号〔平成H、昭和S、大正T、明治M〕
氏名	63　　生年月日　年　月　日
	土 建 大 左 と 石 屋 電 管 タ 鋼 筋 舗 しゅ 板 ガ 塗 防 内 機 絶 通 園 井 具 水 消 清 解
今後担当する建設工事の種類	64
現在担当している建設工事の種類	
有資格区分	65　[1]　[2]　[3]　[4]　[5]　[6]　[7]　[8]
変更、追加又は削除の年月日	平成　年　月　日　　営業所の名称（旧所属）
専任技術者の住所	営業所の名称（新所属）

項番 フリガナ	（フリガナ）　　元号〔平成H、昭和S、大正T、明治M〕
氏名	63　　生年月日　年　月　日
	土 建 大 左 と 石 屋 電 管 タ 鋼 筋 舗 しゅ 板 ガ 塗 防 内 機 絶 通 園 井 具 水 消 清 解
今後担当する建設工事の種類	64
現在担当している建設工事の種類	
有資格区分	65　[1]　[2]　[3]　[4]　[5]　[6]　[7]　[8]
変更、追加又は削除の年月日	平成　年　月　日　　営業所の名称（旧所属）
専任技術者の住所	営業所の名称（新所属）

〔図表 34-11　匠工務店様式第十一号〕

様式第十一号（第四条関係）　　　　　　　　　　　　　　　　　　　　　　（用紙Ａ４）

建設業法施行令第３条に規定する使用人の一覧表

平成　　　年　　　月　　　日

営業所の名称	職　　　名	氏《フリ》　　　　　名《ガナ》
該当なし		

〔図表 34-12　証明書サンプル　身元証明書〕

証　明　書

本　籍　地	
氏　　　名	
生 年 月 日	

1．禁治産又は準禁治産の宣告の通知を受けていません。

2，後見の登記の通知を受けていません。

3．破産宣告の通知を受けていません。

上記のとおり相違ないことを証明します。

令和 3年 3月16日

大阪府交野市長

発行番号：

〔図表 34-13　匠工務店様式第十二号〕

様式第十二号（第四条関係）　（用紙Ａ４）

許可申請者（法人の役員等／~~本人~~／~~法定代理人~~／~~法定代理人の役員等~~）の住所、生年月日等に関する調書

住所	仙台市青葉区中央1丁目1番1号			
氏名	伊達　まり子	生年月日	Ｓ 56年　2月　28日生	
役名等	取締役　（非常勤）			
賞罰	年月日	賞罰の内容		
		なし		

上記のとおり相違ありません。

平成　年　月　日　　氏名　伊達　まり子　印

記載要領
1 「（法人の役員等／本人／法定代理人／法定代理人の役員等）」については、不要のものを消すこと。
2 法人である場合においては、法人の役員、顧問、相談役又は総株主の議決権の100分の５以上を有する株主若しくは出資の総額の100分の５以上に相当する出資をしている者（個人であるものに限る。以下「株主等」という。）について記載すること。
3 株主等については、「役名等」の欄には「株主等」と記載することとし、「賞罰」の欄への記載並びに署名及び押印を要しない。
4 顧問及び相談役については、「賞罰」の欄への記載並びに署名及び押印を要しない。
5 「賞罰」の欄は、行政処分等についても記載すること。
6 様式第７号別紙に記載のある者については、本様式の作成を要しない。

〔図表 34-14　匠工務店様式第十三号〕

様式第十三号（第四条関係）　　（用紙A４）

建設業法施行令第３条に規定する使用人の住所、生年月日等に関する調書

住　所				
氏　名		生　年　月　日	年　月　日生	
営業所名				
職　名				
賞罰	年　月　日	賞　罰　の　内　容		
		該当なし		
上記のとおり相違ありません。 平成　年　月　日　　氏名　　印				

記載要領

「賞罰」の欄は、行政処分等についても記載すること。

〔図表 34-15　匠工務店様式第十四号〕

様式第十四号（第四条関係）　　　　（用紙Ａ４）

株　主　（出　資　者）　調　書

株主（出資者）名	住　　　所	所有株数又は出資の価額
伊達　正宗	仙台市青葉区中央1丁目1番1号	50　株
伊達　まり子	仙台市青葉区中央1丁目1番1号	50　株

記載要領
この調書は、総株主の議決権の100分の５以上を有する株主又は出資の総額の100分の５以上に相当する出資をしている者について記載すること。

〔図表 34-16　匠工務店財務諸表表紙〕

財　務　諸　表

様式第15号	貸　借　対　照　表
様式第16号	損　益　計　算　書
	完成工事原価報告書
様式第17号	株主資本等変動計算書
様式第17号の2	注　記　表

事業年度	自	平成 29 年　2 月　1 日
(第 5 期)	至	平成 30 年　1 月 31 日

(会社名)　　株式会社匠工務店

(消費税込)

〔図表 34-17(1)　匠工務店様式第十五号 (1)〕

様式第十五号（第四条、第十条、第十九条の四関係）

貸　借　対　照　表

平成 30 年　1 月 31 日 現在

（会社名）株式会社匠工務店

資　産　の　部

単位：千円

Ⅰ 流 動 資 産		
現金預金		16,659
受取手形		
完成工事未収入金		33,192
有価証券		
未成工事支出金		
材料貯蔵品		
短期貸付金		
前払費用		104
繰延税金資産		
その他		
貸倒引当金		△
流動資産合計		49,956
Ⅱ 固 定 資 産		
(1) 有形固定資産		
建物・構築物	600	
減価償却累計額	△ 140	460
機械・運搬具	18,531	
減価償却累計額	△ 12,150	6,381
工具器具・備品		
減価償却累計額	△	
土地		
リース資産		
減価償却累計額	△	

建設仮勘定		
その他		
減価償却累計額	△	
有形固定資産合計		6,841
(2) 無形固定資産		
特許権		
借地権		
のれん		
リース資産		
その他		
無形固定資産合計		
(3) 投資その他の資産		
投資有価証券		
関係会社株式・関係会社出資金		
長期貸付金		
破産更生債権等		
長期前払費用		
繰延税金資産		
その他		1,371
貸倒引当金		△
投資その他の資産合計		1,371
固定資産合計		8,212
Ⅲ 繰 延 資 産		
創立費		
開業費		
株式交付費		
社債発行費		
開発費		
繰延資産合計		
資産合計		58,168

〔図表 34-17(2)　匠工務店様式第十五号 (2)〕

負　債　の　部

I　流　動　負　債	
支払手形	
工事未払金	17,489
短期借入金	
リース債務	
未払金	8,863
未払費用	1,597
未払法人税等	332
繰延税金負債	
未成工事受入金	
預り金	96
前受収益	
引当金	
その他	
流動負債合計	28,380
II　固　定　負　債	
社　債	
長期借入金	15,659
リース債務	
繰延税金負債	
引当金	
負ののれん	
その他	
固定負債合計	15,659
負債合計	44,039

〔図表 34-17(3)　匠工務店様式第十五号 (3)〕

純　資　産　の　部

Ⅰ　株主資本	
(1)　資本金	5,000
(2)　新株式申込証拠金	
(3)　資本剰余金	
資本準備金	
その他資本剰余金	
資本剰余金合計	
(4)　利益剰余金	
利益準備金	
その他利益剰余金	
準備金	
積立金	
繰越利益剰余金	9,129
利益剰余金合計	9,129
(5)　自己株式	△
(6)　自己株式申込証拠金	
株主資本合計	14,129
Ⅱ　評価・換算差額等	
(1)　その他有価証券評価差額金	
(2)　繰延ヘッジ損益	
(3)　土地再評価差額金	
評価・換算差額等合計	
Ⅲ　新株予約権	
純資産合計	14,129
負債純資産合計	58,168

〔図表 34-18(1)　匠工務店様式第十六号 (1)〕

様式第十六号（第四条、第十条、第十九条の四関係）

損　益　計　算　書

自　平成 29 年　2 月　1 日
至　平成 30 年　1 月　31 日

(会社名) 株式会社匠工務店

単位：千円

Ⅰ　売上高		
完成工事高	208, 507	
兼業事業売上高		208, 507
Ⅱ　売上原価		
完成工事原価	154, 750	
兼業事業売上原価		154, 750
売上総利益(売上総損失)		
完成工事総利益(完成工事総損失)	53, 756	
兼業事業総利益(兼業事業総損失)		53, 756
Ⅲ　販売費及び一般管理費		
役員報酬	10, 620	
従業員給料手当	9, 763	
退職金		
法定福利費	2, 781	
福利厚生費	133	
修繕維持費		
事務用品費	6	
通信交通費	3, 158	
動力用水光熱費	109	
調査研究費		
広告宣伝費	48	
貸倒引当金繰入額		
貸倒損失		
交際費	3, 266	
寄付金		
地代家賃	1, 479	
減価償却費	9, 355	
開発費償却		
租税公課	3, 373	
保険料	4, 274	
雑　費	5, 947	54, 320
営業利益（営業損失）		-564

Ⅳ　営業外収益		
受取利息及び配当金		
雑収入	658	
その他		658
Ⅴ　営業外費用		
支払利息	123	
貸倒引当金繰入額		
貸倒損失		
その他		123
経常利益（経常損失）		-28
Ⅵ　特別利益		
前期損益修正益		
その他	1,199	1,199
Ⅶ　特別損失		
前期損益修正損		
その他		
税引前当期純利益（税引前当期純損失）		1,171
法人税、住民税及び事業税	332	
法人税等調整額		332
当期純利益（当期純損失）		838

〔図表34-18(2)　匠工務店様式第十六号(2)〕

完成工事原価報告書

自　平成29年　2月　1日
至　平成30年　1月31日

（会社名）株式会社匠工務店

単位：千円

Ⅰ 材料費		46,006
Ⅱ 労務費		
（うち労務外注費	）	
Ⅲ 外注費		108,744
Ⅳ 経費		
（うち人件費	）	
完成工事原価		154,750

〔図表 34-19　匠工務店様式第十七号〕

様式第十七号（第四条、第十条、第十九条の四関係）

株 主 資 本 等 変 動 計 算 書

自　平成 29 年　2 月　1 日
至　平成 30 年　1 月　31 日

単位：千円

	株主資本										評価・換算差額等				新株予約権	純資産合計
		資本剰余金			利益剰余金											
						その他利益剰余金										
	資本金	資本準備金	その他資本剰余金	資本剰余金合計	利益準備金	積立金	繰越利益剰余金	利益剰余金合計	自己株式	株主資本合計	その他有価証券評価差額金	繰延ヘッジ損益	土地再評価差額金	評価・換算差額等合計		
当期首残高	5,000						8,290	8,290		13,290						13,290
当期変動額																
新株の発行																
剰余金の配当																
当期純利益							838	838		838						838
自己株式の処分																
株主資本以外の項目の当期変動額（純額）																
当期変動額合計							838	838		838						838
当期末残高	5,000						9,129	9,129		14,129						14,129

〔図表 34-20(1)　匠工務店様式第十七号の二 (1)〕

様式第十七号の二（第四条、第十条、第十九条の四関係）

注　　　　記　　　　表

自　平成 29 年　2 月　1 日
至　平成 30 年　1 月　31 日

（会社名）株式会社匠工務店

注

1 継続企業の前提に重要な疑義を生じさせるような事象又は状況

該当なし

2 重要な会計方針

(1) 資産の評価基準及び評価方法

該当なし

(2) 固定資産の減価償却の方法

有形固定資産：定率法を採用しています。。ただし、平成10年4月1日以降に取得した建物（付属設備を除く）は定額法を採用しています。
無形固定資産：定額法を採用しています。

(3) 引当金の計上基準

該当なし

(4) 収益及び費用の計上基準

収益：工事完成基準
費用：発生基準

(5) 消費税及び地方消費税に相当する額の会計処理の方法

税込方式によっている。

(6) その他貸借対照表、損益計算書、株主資本等変動計算書、注記表作成のための基本となる重要な事項

リース取引の処理方法：リース物件の所有権が借主に移転するもの以外のファイナンス・リース取引については、通常の賃貸借取引に係る方法に準じた会計処理によっています。

3 会計方針の変更

該当なし

4 表示方法の変更

該当なし

5 会計上の見積りの変更

該当なし

6 誤謬の訂正

該当なし

7 貸借対照表関係

(1) 担保に供している資産及び担保付債務

①担保に供している資産の内容及びその金額

該当なし

②担保に係る債務の金額

該当なし

(2) 保証債務、手形遡求債務、重要な係争事件に係る損害賠償義務等の内容及び金額

保証債務額	0	千円
受取手形割引高	0	千円
受取手形裏書譲渡高	0	千円

(3) 関係会社に対する短期金銭債権及び長期金銭債権並びに短期金銭債務及び長期金銭債務

該当なし

(4) 取締役、監査役及び執行役との間の取引による取締役、監査役及び執行役に対する金銭債権及び金銭債務

該当なし

(5) 親会社株式の各表示区分別の金額

該当なし

(6) 工事損失引当金に対応する未成工事支出金の金額

該当なし

8 損益計算書関係

(1) 工事進行基準による完成工事高

該当なし

(2) 売上高のうち関係会社に対する部分

該当なし

(3) 売上原価のうち関係会社からの仕入高

該当なし

(4) 売上原価のうち工事損失引当金繰入額

該当なし

(5) 関係会社との営業取引以外の取引高

該当なし

(6) 研究開発費の総額（会計監査人を設置している会社に限る。）

該当なし

9 株主資本等変動計算書関係

(1) 事業年度末日における発行済株式の種類及び数

譲渡制限株式 500 株

(2) 事業年度末日における自己株式の種類及び数

該当なし

(3) 剰余金の配当

該当なし

〔図表34-20(2)　匠工務店様式第十七号の二(2)〕

(4) 事業年度末において発行している新株予約権の目的となる株式の種類及び数
該当なし

10 税効果会計
該当なし

11 リースにより使用する固定資産
該当なし

12 金融商品関係
(1) 金融商品の状況
該当なし

(2) 金融商品の時価等
該当なし

13 賃貸等不動産関係
(1) 賃貸等不動産の状況
該当なし

(2) 賃貸等不動産の時価
該当なし

14 関連当事者との取引
取引の内容

種類	会社等の名称又は氏名	議決権の所有(被所有)割合	関係内容	科目	期末残高(千　円)

ただし、会計監査人を設置している会社は以下の様式により記載する。
(1) 取引の内容

種類	会社等の名称又は氏名	議決権の所有(被所有)割合	関係内容	取引の内容	取引金額	科目	期末残高(千　円)

(2) 取引条件及び取引条件の決定方針
該当なし

(3) 取引条件の変更の内容及び変更が貸借対照表、損益計算書に与える影響の内容
該当なし

15 一株当たり情報
(1) 一株当たりの純資産額
記載省略

(2) 一株当たりの当期純利益又は当期純損失

記載省略

16 重要な後発事象

該当なし

17 連結配当規制適用の有無

該当なし

18 その他

該当なし

〔図表 34-21　匠工務店様式第二十号〕

様式第二十号（第四条関係）　　　　（用紙Ａ４）

営　業　の　沿　革

創業以後の沿革	H 24年　4月　1日	株式会社匠工務店設立（資本金100万円）
	H 26年　4月　1日	資本金を500万円に増資
	年　月　日	現在に至る
	年　月　日	
	年　月　日	
	年　月　日	
	年　月　日	
	年　月　日	

建設業の登録及び許可の状況	年　月　日	なし
	年　月　日	
	年　月　日	
	年　月　日	
	年　月　日	
	年　月　日	
	年　月　日	
	年　月　日	
	年　月　日	
	年　月　日	

賞罰	年　月　日	なし
	年　月　日	
	年　月　日	
	年　月　日	

記載要領

1　「創業以後の沿革」の欄は、創業、商号又は名称の変更、組織の変更、合併又は分割、資本金額の変更、営業の休止、営業の再開等を記載すること。
2　「建設業の登録及び許可の状況」の欄は、建設業の最初の登録及び許可等（更新を除く。）について記載すること。
3　「賞罰」の欄は、行政処分等についても記載すること。

〔図表 34-22　匠工務店様式第二十号の二〕

様式第二十号の二（第四条関係）　　　　（用紙Ａ４）

所　属　建　設　業　者　団　体

団　体　の　名　称	所　属　年　月　日
なし	

記載要領

「団体の名称」の欄は、法第27条の37に規定する建設業者の団体の名称を記載すること。

〔図表 34-23　匠工務店様式第二十号の三〕

様式第二十号の三（第四条関係）

（用紙Ａ４）

健 康 保 険 等 の 加 入 状 況

（１）　健康保険等の加入状況は下記のとおりです。
（２）　下記のとおり，健康保険等の加入状況に変更があったので，提出をします。

平成　　年　　月　　日

~~地方整備局長~~
~~北海道開発局長~~
宮城県知事　殿

申請者 ~~届出者~~
仙台市青葉区〇〇
株式会社匠工務店
代表取締役　伊達　正宗　印

許可年月日

許　可　番　号　~~国土交通大臣~~ 宮城県知事　許可（般 ~~特~~ −　　）第　　　　号　平成　　年　　月　　日

（営業所毎の保険加入の有無）

営業所の名称	従業員数	保険加入の有無			事業所整理記号等	
		健康保険	厚生年金保険	雇用保険		
本店	3人（2人）	1	1	1	健康保険	00000000
					厚生年金保険	00000000
					雇用保険	04300000000
	人（人）				健康保険	
					厚生年金保険	
					雇用保険	
	人（人）				健康保険	
					厚生年金保険	
					雇用保険	
	人（人）				健康保険	
					厚生年金保険	
					雇用保険	
	人（人）				健康保険	
					厚生年金保険	
					雇用保険	
合計	3人（2人）					

記載要領

1　この表は，次の（１）及び（２）の場合に，それぞれの場合ごとに作成すること。

（１）　①現在有効な許可をどの許可行政庁からも受けていない者が初めて許可を申請する場合
②現在有効な許可を受けている行政庁以外の許可行政庁に対し新規に許可を申請する場合
③一般建設業の許可のみを受けている者が新たに特定建設業の許可を申請する場合又は特定建設業の許可のみを受けている者が新たに一般建設業の許可を申請する場合
④一般建設業の許可を受けている者が他の建設業について一般建設業の許可を申請する場合又は特定建設業の許可を受けている者が他の建設業について特定建設業の許可を申請する場合
⑤既に受けている建設業の許可についてその更新を申請する場合
この場合，「（１）」を〇で囲み，「申請者 届出者」の「届出者」を消すとともに，「保険加入の有無」の欄は申請時の加入状況を記入すること。

（２）　既提出の表に記入された保険加入の有無に変更があった場合
この場合，「（２）」を〇で囲み，「申請者 届出者」の「届出者」を消すとともに，「保険加入の有無」の欄は変更後の加入状況を記入すること。

2　「申請者 届出者」の欄は，この表により建設業の許可の申請等をしようとする者（以下「申請者」という。）の他にこの表を作成した者がある場合には，申請者に加え，その者の氏名も併記し，押印すること。この場合には，作成に係る委任状の写しその他の作成等に係る権限を有することを証する書面を添付すること。

〔図表34-24　匠工務店様式第二十号の四〕

様式第二十号の四（第四条関係）　　　　　　　　　　　　　　　　　　　　　　（用紙Ａ４）

主　要　取　引　金　融　機　関　名

政府関係金融機関	普通銀行 長期信用銀行	株式会社商工組合中央金庫 信用金庫・信用協同組合	その他の金融機関
	四十四銀行東北支店	あおばの杜信用金庫仙台支店	

記載要領

1　「政府関係金融機関」の欄は、独立行政法人住宅金融支援機構、株式会社日本政策金融公庫、株式会社日本政策投資銀行等について記載すること。

2　各金融機関とも、本所、本店、支所、支店、営業所、出張所等の区別まで記載すること。

（例　○○銀行○○支店）

3　個人事業主の建設業許可申請書

今野住建の申請書例

個人事業で大工工事を請け負っている今野さんが、一人親方として建設業許可を取得することを想定した申請書サンプルです。

一人親方の申請書に特有の様式だけ抜き出して掲載しています。

一人親方なので、経営業務の管理責任者と専任技術者は事業主である今野さんが兼任しています。国家資格などをお持ちでないので、10年の実務経験で大工の専任技術者になる想定です。

建設業界にはたくさんの一人親方がいて、それぞれの専門分野で建設現場に入られています。専門工事の内容によっては、一人親方の存在なしには建設現場が成立しない業種もあるようです。

一人親方も業法が定める建設工事（1件あたり５００万円以上、建築一式工事は1，５００万円以上）を請け負う場合には建設業許可が必要になりますし、要件を満たせば当然建設業許可を取得することができます。

一人親方の特徴として、社会保険や雇用保険の適用除外となる部分があります。また、このサンプルでは直近の決算上の純資産が５００万円未満のため、申請の際には５００万円以上の残高証明書を提出することを想定しています。

〔図表 35-1　今野住建様式第一号〕

様式第一号（第二条関係）

（用紙Ａ４）
00001

建設業許可申請書

この申請書により、建設業の許可を申請します。
この申請書及び添付書類の記載事項は、事実に相違ありません。

年　月　日

~~地方整備局長~~
~~北海道開発局長~~
宮城県知事　殿

静岡市葵区井宮町○○○○
今野住建
申請者　事業主　今野　賢一

行政庁側記入欄	項番		
許可番号	01	大臣／知事コード	国土交通大臣／知事　許可（般／特－　）第　号　許可年月日　令和　年　月　日
申請の区分	02		1.新規　2.許可換え新規　3.般・特新規　4.業種追加　5.更新　6.般・特新規＋業種追加　7.般・特新規＋更新　8.業種追加＋更新　9.般・特新規＋業種追加＋更新
許可の有効期間の調整		2	（1.する　2.しない）
申請年月日	03		令和　年　月　日

許可を受けようとする建設業	04	土 建 大 左 と 石 屋 電 管 タ 鋼 筋 舗 しゅ 板 ガ 塗 防 内 機 絶 通 園 井 具 水 消 清 解　（「建」欄に 1）　（1.一般　2.特定）
申請時において既に許可を受けている建設業	05	
商号又は名称のフリガナ	06	コンノジュウケン
商号又は名称	07	今野住建
代表者又は個人の氏名のフリガナ	08	コンノ　ケンイチ
代表者又は個人の氏名	09	今野　賢一　　支配人の氏名
主たる営業所の所在地市区町村コード	10	22101　都道府県名　静岡県　市区町村名　静岡市葵区
主たる営業所の所在地	11	井宮町○○○○
郵便番号	12	420－0001　電話番号　054－000－0000
		ファックス番号　054-000-0000
法人又は個人の別	13	2（1.法人　2.個人）　資本金額又は出資総額　（千円）　法人番号
兼業の有無	14	2（1.有　2.無）　建設業以外に行っている営業の種類
許可換えの区分	15	（1.大臣許可→知事許可　2.知事許可→大臣許可　3.知事許可→他の知事許可）
旧許可番号	16	大臣／知事コード　国土交通大臣／知事　許可（般／特－　）第　号　旧許可年月日　平成　年　月　日

役員等、営業所及び営業所に置く専任の技術者については別紙による。

連絡先
所属等　　氏名　　電話番号
ファックス番号

〔図表35-2　今野住建別紙四〕

別紙四

専任技術者一覧表

平成　　年　　月　　日

営業所の名称	専任の技術者の氏名《フリガナ》	建設工事の種類	有資格区分
本店	今野《コンノ》　賢一《ケンイチ》	大-4	02

〔図表 35-3　今野住建様式第七号〕

様式第七号（第三条関係）

（用紙A4）

|0|0|0|0|2|

常勤役員等（経営業務の管理責任者等）証明書

（1）　下記の者は、建設業に関し、次のとおり第7条第1号イ｛(1) ~~(2)~~ ~~(3)~~｝に掲げる経験を有することを証明します。

役職名等　事業主

経験年数　H 19年1月から H 24年6月まで　満 10年　月
　　　　　H 24年10月から H 25年3月まで
　　　　　H 25年10月から H 29年12月まで

証明者と被証明者との関係　本人

備考

令和　年　月　日

静岡市葵区井宮町○○○○
今野住建
証明者　事業主　今野　賢一

（2）　下記の者は、許可申請者｛~~の常勤の役員~~ 本人 ~~の支配人~~｝で第7条第1号イ｛(1) ~~(2)~~ ~~(3)~~｝に該当する者であることに相違ありません。

令和　年　月　日

~~地方整備局長~~
~~北海道開発局長~~
宮城県知事　殿

静岡市葵区井宮町○○○○
今野住建
申請者 ~~届出者~~　事業主　今野　賢一

申請又は届出の区分　項番 17　1　（1. 新規　2. 変更　3. 常勤役員等の更新等）

変更の年月日　令和　年　月　日

許可番号　18　大臣/知事コード　国土交通大臣/知事　許可（般/特－　）第　号　許可年月日　年　月　日

記

◎【新規・変更後・常勤役員等の更新等】

氏名のフリガナ　19　コン

氏名　20　今野　賢一　生年月日　S 45年06月10日　元号〔令和R、平成H、昭和S、大正T、明治M〕

住所　静岡県静岡市葵区井宮町○○○○

◎【変更前】

氏名　21　生年月日　年　月　日　元号〔令和R、平成H、昭和S、大正T、明治M〕

備考
常勤役員等の略歴については、別紙による。

〔図表35-4　今野住建別紙〕

別紙　　　　　　　　　　　　　　　　　　　　　　　　　　　　（用紙Ａ４）

常勤役員等の略歴書

現住所	静岡県静岡市葵区井宮町○○○○		
氏名	今野　賢一	生年月日	S　45年　6月　10日生
職名	事業主　（常勤）		

	期間	従事した職務内容
職歴	自　H５年　4月　1日 至　年　月　日	個人事業主として今野住建を創業し大工工事お請負を行う
	自　年　月　日 至　年　月　日	現在に至る
	自　年　月　日 至　年　月　日	
	自　年　月　日 至　年　月　日	
	自　年　月　日 至　年　月　日	
	自　年　月　日 至　年　月　日	
	自　年　月　日 至　年　月　日	
	自　年　月　日 至　年　月　日	
	自　年　月　日 至　年　月　日	
	自　年　月　日 至　年　月　日	
	自　年　月　日 至　年　月　日	
	自　年　月　日 至　年　月　日	
	自　年　月　日 至　年　月　日	
	自　年　月　日 至　年　月　日	

	年月日	賞罰の内容
賞罰		なし

上記のとおり相違ありません。

令和　　年　　月　　日　　　　　　　　氏名　今野　賢一

記載要領

※　「賞罰」の欄は、行政処分等についても記載すること。

〔図表 35-5　今野住建様式第八号〕

様式第八号（第三条関係）

（用紙A４）

0 0 0 0 3

専任技術者証明書（新規・~~変更~~）

（1）下記のとおり、{ 建設業法第７条第２号 / ~~建設業法第15条第２号~~ } に規定する専任の技術者を営業所に置いていることに相違ありません。

（２）下記のとおり、専任の技術者の交替に伴う削除の届出をします。

平成　年　月　日

~~地方整備局長~~
~~北海道開発局長~~
静岡県知事　殿

申請者 ~~届出者~~
静岡市葵区井宮町○○○○
今野住建
事業主　　今野　賢一　　印

区分　項番 6 1　1 （1. 新規許可等　2. 専任技術者の担当業種又は有資格区分の変更　3. 専任技術者の追加　4. 専任技術者の交替に伴う削除　5. 専任技術者が置かれる営業所のみの変更）

許可番号　6 2　2 2（大臣 知事 コード）　~~国土交通大臣~~ 静岡県知事 許可（般 特 －□□）第□□□□□□号　許可年月日 平成□□年□□月□□日

記

項番　フリガナ　（フリガナ）コンノ ケンイチ　元号〔平成H、昭和S、大正T、明治M〕

氏名　6 3　コ ン　今 野　賢 一　生年月日 S 4 5年 0 6月 1 0日

土 建 大 左 と 石 屋 電 管 タ 鋼 筋 舗 しゅ 板 ガ 塗 防 内 機 絶 通 園 井 具 水 消 清 解

今後担当する建設工事の種類　6 4　□ 1 □□□…

現在担当している建設工事の種類　□□□…

有資格区分　6 5　0 1（1）□□（2）□□（3）□□（4）□□（5）□□（6）□□（7）□□（8）□□

変更、追加又は削除の年月日　平成　年　月　日

営業所の名称（旧所属）

専任技術者の住所　静岡県静岡市葵区○○

営業所の名称（新所属）　本店

項番　フリガナ　（フリガナ）　　　　　　　　　　　　　元号〔平成H、昭和S、大正T、明治M〕

氏名　6 3　生年月日□　□□年□□月□□日

土 建 大 左 と 石 屋 電 管 タ 鋼 筋 舗 しゅ 板 ガ 塗 防 内 機 絶 通 園 井 具 水 消 清 解

今後担当する建設工事の種類　6 4

現在担当している建設工事の種類

有資格区分　6 5

変更、追加又は削除の年月日　平成　年　月　日

営業所の名称（旧所属）

専任技術者の住所

営業所の名称（新所属）

項番　フリガナ　（フリガナ）　　　　　　　　　　　　　元号〔平成H、昭和S、大正T、明治M〕

氏名　6 3　生年月日□　□□年□□月□□日

土 建 大 左 と 石 屋 電 管 タ 鋼 筋 舗 しゅ 板 ガ 塗 防 内 機 絶 通 園 井 具 水 消 清 解

今後担当する建設工事の種類　6 4

現在担当している建設工事の種類

有資格区分　6 5

変更、追加又は削除の年月日　平成　年　月　日

営業所の名称（旧所属）

専任技術者の住所

営業所の名称（新所属）

〔図表 35-6(1)　今野住建様式第九号 (1)〕

様式第九号（第三条関係）　　　　（用紙Ａ４）

実　務　経　験　証　明　書

下記の者は、　大 工　工事に関し、下記のとおり実務の経験を有することに相違ないことを証明します。

平成　年　月　日

静岡市葵区井宮町○○○○
今野住建
証　明　者　事業主　　今野　賢一　　印

被証明者との関係　本人

記

技術者の氏名	今野　賢一	生年月日	S45年6月10日	使用された期間	H　5年　4月から
使用者の商号又は名称	今野住建				H　30年　12月まで

職名	実務経験の内容	実務経験年数
事業主	（仮称）Mマンション新築に伴う造作大工工事	~~昭和~~ 平成 17年 9月から ~~昭和~~ 平成 18年 1月まで
事業主	（仮称）Pマンション四丁目モデルルーム新築に伴う造作大工工事	~~昭和~~ 平成 18年 1月から ~~昭和~~ 平成 18年 2月まで
事業主	（仮称）AAAビル新築に伴う造作大工工事	~~昭和~~ 平成 18年 3月から ~~昭和~~ 平成 18年 6月まで
事業主	（仮称）静岡ウエスト新築に伴う造作大工工事	~~昭和~~ 平成 18年 5月から ~~昭和~~ 平成 18年 9月まで
事業主	（仮称）○○ビル番町新築に伴う造作大工工事	~~昭和~~ 平成 18年 9月から ~~昭和~~ 平成 19年 3月まで
事業主	（仮称）コスモス保育所建設に伴う造作大工工事	~~昭和~~ 平成 19年 2月から ~~昭和~~ 平成 19年 4月まで
事業主	（仮称）Tマンション新築に伴う造作大工工事	~~昭和~~ 平成 19年 5月から ~~昭和~~ 平成 19年 8月まで
事業主	（仮称）Sマンション新築に伴う造作大工工事	~~昭和~~ 平成 19年 6月から ~~昭和~~ 平成 19年10月まで
事業主	（仮称）Fマンション新築に伴う造作大工工事	~~昭和~~ 平成 19年10月から ~~昭和~~ 平成 20年 6月まで
事業主	（仮称）Sマンション新築に伴う造作大工工事	~~昭和~~ 平成 20年 6月から ~~昭和~~ 平成 21年 3月まで
事業主	（仮称）Pマンション新築に伴う造作大工工事	~~昭和~~ 平成 21年 4月から ~~昭和~~ 平成 21年11月まで
事業主	（仮称）Kマンション新築に伴う造作大工工事	~~昭和~~ 平成 21年10月から ~~昭和~~ 平成 22年 1月まで
事業主	（仮称）ビジターセンター改修に伴う造作大工工事	~~昭和~~ 平成 22年 1月から ~~昭和~~ 平成 22年 3月まで
事業主	（仮称）Fフード営業所新築に伴う造作大工工事	~~昭和~~ 平成 22年 5月から ~~昭和~~ 平成 22年 5月まで
事業主	（仮称）Aホール改修に伴う造作大工工事	~~昭和~~ 平成 22年 8月から ~~昭和~~ 平成 22年 9月まで
使用者の証明を得ることができない場合はその理由		合計　満　4年　10月

記載要領
1 この証明書は、許可を受けようとする建設業に係る建設工事の種類ごとに、被証明者１人について、証明者別に作成すること。
2 「職名」の欄は、被証明者が所属していた部課名等を記載すること。
3 「実務経験の内容」の欄は、従事した主な工事名等を具体的に記載すること。

〔図表 35-6(2)　今野住建様式第九号 (2)〕

様式第九号（第三条関係）　　　　（用紙A４）

実　務　経　験　証　明　書

下記の者は、　大 工　工事に関し、下記のとおり実務の経験を有することに相違ないことを証明します。

平成　年　月　日

静岡市葵区井宮町○○○○
今野住建
証　明　者　事業主　　今野 賢一　　印

被証明者との関係　本人

記

技術者の氏名	今野 賢一	生年月日	S45年6月10日	使用された期間	H 5年 4月から H 30年 12月まで
使用者の商号又は名称	今野住建				
職名	実務経験の内容			実務経験年数	
事業主	（仮称）Sマンション新築に伴う造作大工工事			~~昭和~~平成 22 年 9 月から	~~昭和~~平成 22 年11 月まで
事業主	（仮称）老人ホーム新築に伴う造作大工工事			~~昭和~~平成 22 年11 月から	~~昭和~~平成 23 年 1 月まで
事業主	（仮称）老人ホームK新築に伴う造作大工工事			~~昭和~~平成 22 年12 月から	~~昭和~~平成 23 年 2 月まで
事業主	（仮称）コーポSS改修に伴う造作大工工事			~~昭和~~平成 23 年 3 月から	~~昭和~~平成 23 年 4 月まで
事業主	（仮称）Tビル災害復旧に伴う造作大工工事			~~昭和~~平成 23 年 5 月から	~~昭和~~平成 23 年 5 月まで
事業主	（仮称）Pマンション新築に伴う造作大工工事			~~昭和~~平成 23 年 6 月から	~~昭和~~平成 24 年 1 月まで
事業主	（仮称）Kマンション修繕に伴う造作大工工事			~~昭和~~平成 24 年 2 月から	~~昭和~~平成 24 年 2 月まで
事業主	（仮称）A邸修繕に伴う造作大工工事			~~昭和~~平成 24 年 5 月から	~~昭和~~平成 24 年 5 月まで
事業主	（仮称）Hマンション新築に伴う造作大工工事			~~昭和~~平成 24 年10 月から	~~昭和~~平成 25 年 3 月まで
事業主	（仮称）市営住宅改築に伴う造作大工工事			~~昭和~~平成 25 年10 月から	~~昭和~~平成 26 年 3 月まで
事業主	（仮称）駅東口計画新築に伴う造作大工工事			~~昭和~~平成 26 年 3 月から	~~昭和~~平成 27 年 3 月まで
事業主	（仮称）公営住宅建設に伴う造作大工工事			~~昭和~~平成 27 年 4 月から	~~昭和~~平成 27 年10 月まで
事業主	（仮称）S邸新築に伴う造作大工工事			~~昭和~~平成 27 年11 月から	~~昭和~~平成 28 年 3 月まで
事業主	（仮称）Rレジデンス新築に伴う造作大工工事			~~昭和~~平成 28 年 3 月から	~~昭和~~平成 28 年12 月まで
事業主	（仮称）Lマンション新築に伴う造作大工工事			~~昭和~~平成 28 年10 月から	~~昭和~~平成 29 年 6 月まで
使用者の証明を得ることができない場合はその理由				合計　満　5年　9月	

記載要領

1 この証明書は、許可を受けようとする建設業に係る建設工事の種類ごとに、被証明者１人について、証明者別に作成すること。
2 「職名」の欄は、被証明者が所属していた部課名等を記載すること。
3 「実務経験の内容」の欄は、従事した主な工事名等を具体的に記載すること。

〔図表 35-6(3)　今野住建様式第九号 (3)〕

様式第九号（第三条関係）　　　　（用紙Ａ４）

実　務　経　験　証　明　書

下記の者は、　大工　工事に関し、下記のとおり実務の経験を有することに相違ないことを証明します。

平成　年　月　日

静岡市葵区井宮町○○○○
今野住建
証　明　者　事業主　　今野　賢一　　印

被証明者との関係　本人

記

技術者の氏名	今野　賢一	生年月日	S45年6月10日	使用された期間	H　5年　4月から
使用者の商号又は名称	今野住建				H　30年　12月まで

職名	実務経験の内容	実務経験年数
事業主	（仮称）駅ビル新築新築に伴う造作大工工事	~~昭和~~ 平成 29年 9月から ~~昭和~~ 平成 29年11月まで
		昭和 平成　年　月から 昭和 平成　年　月まで
		昭和 平成　年　月から 昭和 平成　年　月まで
		昭和 平成　年　月から 昭和 平成　年　月まで
		昭和 平成　年　月から 昭和 平成　年　月まで
		昭和 平成　年　月から 昭和 平成　年　月まで
		昭和 平成　年　月から 昭和 平成　年　月まで
		昭和 平成　年　月から 昭和 平成　年　月まで
		昭和 平成　年　月から 昭和 平成　年　月まで
		昭和 平成　年　月から 昭和 平成　年　月まで
		昭和 平成　年　月から 昭和 平成　年　月まで
		昭和 平成　年　月から 昭和 平成　年　月まで
		昭和 平成　年　月から 昭和 平成　年　月まで
		昭和 平成　年　月から 昭和 平成　年　月まで
		昭和 平成　年　月から 昭和 平成　年　月まで
使用者の証明を得ることができない場合はその理由		合計　満　0年　3月

記載要領

1 この証明書は、許可を受けようとする建設業に係る建設工事の種類ごとに、被証明者１人について、証明者別に作成すること。
2 「職名」の欄は、被証明者が所属していた部課名等を記載すること。
3 「実務経験の内容」の欄は、従事した主な工事名等を具体的に記載すること。

〔図表 35-7(1)　今野住建様式第十八号 (1)〕

様式第十八号（第四条、第十条、第十九条の四関係）

貸　借　対　照　表

平成 30 年 12 月 31 日 現在

（商号又は名称）**今野住建**

資　産　の　部

単位：千円

Ⅰ　流　動　資　産	
現金預金	153
受取手形	
完成工事未収入金	977
有価証券	
未成工事支出金	
材料貯蔵品	
その他	
貸倒引当金	△
流動資産合計	1,131
Ⅱ　固　定　資　産	
建物・構築物	
機械・運搬具	4,630
工具器具・備品	
土地	
建設仮勘定	
破産更生債権等	
その他	
固定資産合計	4,630
資産合計	5,762

1 / 4

〔図表 35-7(2)　今野住建様式第十八号 (2)〕

負　債　の　部

Ⅰ　流　動　負　債	
支払手形	
工事未払金	
短期借入金	
未払金	4, 662
未成工事受入金	
預り金	
引当金	
その他	
流動負債合計	4, 662
Ⅱ　固　定　負　債	
長期借入金	
その他	
固定負債合計	
負債合計	4, 662

純　資　産　の　部

期首資本金	914
事業主借勘定	8, 889
事業主貸勘定	△　10, 855
事業主利益（事業主損失）	2, 150
純資産合計	1, 099
負債純資産合計	5, 762

注．消費税及び地方消費税に相当する額の会計処理の方法
　税込方式によっている。

2 / 4

〔図表 35-8(1)　今野住建様式第十九号 (1)〕

様式第十九号（第四条、第十条、第十九条の四関係）

損　益　計　算　書

自　平成 30 年　1 月　1 日
至　平成 30 年 12 月 31 日

（商号又は名称）**今野住建**

単位：千円

I　売上高			
完成工事高		9,613	
兼業事業売上高			9,613
II　売上原価			
完成工事原価			
材　料　費			
労　務　費			
(うち労務外注費)			
外　注　費			
経　　費			
兼業事業売上原価			
売上総利益			
完成工事総利益(完成工事総損失)		9,613	
兼業事業総利益(兼業事業総損失)			9,613
III　販売費及び一般管理費			
従業員給料手当		960	
退職金			
法定福利費			
福利厚生費		228	
修繕維持費		15	
事務用品費		386	
通信交通費		390	
動力用水光熱費		33	
広告宣伝費			
交際費		2,069	
寄付金			
地代家賃			
減価償却費		1,092	
租税公課		385	
保険料		190	
外注費		1,050	
雑　費		657	7,462
営業利益（営業損失）			2,150

3 / 4

〔図表 35-8(2)　今野住建様式第十九号 (2)〕

Ⅳ　営業外収益		
受取利息及び配当金		
その他		
Ⅴ　営業外費用		
支払利息		
その他		
事業主利益（事業主損失）		2,150

注．工事進行基準による完成工事高
　該当なし

4 / 4

〔図表 35-9　今野住建様式第二十号の三〕

様式第二十号の三（第四条、第十条関係）

（用紙Ａ４）

健康保険等の加入状況

(1)（丸囲み）　健康保険等の加入状況は下記のとおりです。
（2）　下記のとおり、健康保険等の加入状況に変更があつたので、届出をします。

平成　　年　　月　　日

~~地方整備局長~~
~~北海道開発局長~~
静岡県知事　殿

静岡市葵区井宮町○○○○
今野住建
申請者 ~~届出者~~　事業主　　今野　賢一　　印

許可年月日

許　可　番　号　~~国土交通大臣~~ 静岡県知事 許可（般 特－　　）第　　　号　平成　　年　　月　　日

（営業所毎の保険加入の有無）

営業所の名称	従業員数	保険加入の有無 健康保険	厚生年金保険	雇用保険	事業所整理記号等	
本店	1人 （　1人）	3	3	3	健康保険	－
					厚生年金保険	－
					雇用保険	－
	人 （　　人）				健康保険	
					厚生年金保険	
					雇用保険	
	人 （　　人）				健康保険	
					厚生年金保険	
					雇用保険	
	人 （　　人）				健康保険	
					厚生年金保険	
					雇用保険	
	人 （　　人）				健康保険	
					厚生年金保険	
					雇用保険	
合計	1人 （　1人）					

4　複数の都道府県に事業所がある会社の建設業許可申請書

暁架設の申請書例

複数の県に営業所がある事業者を想定した申請書サンプルです。

大臣許可になりますが、大臣許可の申請書に特有の様式だけ抜き出して掲載しています。

本店では土木事業を、支店では建築事業を行うため、専任技術者の国家資格が分かれており、令3条の使用人が選任されているのが特徴です。

これまで本書で見てきたとおり、複数の都道府県に営業所がある場合には、国交省大臣許可を申請することになります。それぞれの営業所に専任技術者を配置し、本店以外の営業所には同時に令3条使用人を配置することになります。専任技術者と令3条使用人は兼務可能なので、このサンプルでは同一人物が兼務しているというかたちでつくっています。

また、よくいただくご質問として「大臣許可の場合にはそれぞれの営業所で同一の許可業種を選ばなくてはならないか」というものがありますが、そうではありません。エリアに合わせた許可業種を選択し、技術者を配置することで、営業所ごとに違う業種の許可を取得することができます。

現実的には一方が土木のみ、他の一方が建築のみという選択の仕方は考えにくいですが、違いを明確にするため、サンプルではそれぞれ土木系と建築系のみ取得することを想定しています。

〔図表 36-1　暁架設様式第一号〕

様式第一号（第二条関係）

（用紙Ａ４）
00001

建設業許可申請書

この申請書により、建設業の許可を申請します。
この申請書及び添付書類の記載事項は、事実に相違ありません。

年　月　日

~~地方整備局長~~
~~北海道開発局長~~
知事　殿

山形県東根市旅篭町〇丁目〇番〇号
株式会社暁架設
申請者　代表取締役　中村　厚

行政庁側記入欄

項目	項番	記入内容
許可番号	01	大臣/知事コード　国土交通大臣/知事 許可（般/特－　）第　号　許可年月日 令和　年　月　日
申請の区分	02	（1.新規 2.許可換え新規 3.般・特新規 4.業種追加 5.更新 6.般・特新規＋業種追加 7.般・特新規＋更新 8.業種追加＋更新 9.般・特新規＋業種追加＋更新）　許可の有効期間の調整 2（1.する 2.しない）
申請年月日	03	令和　年　月　日

項目	項番	記入内容
許可を受けようとする建設業	04	土1 建1 大1 左1 と1 石1 屋1 電 管1 タ1 鋼1 筋1 舗1 しゅ1 板1 ガ1 塗1 防1 内 機1 絶 通 園 井1 具1 水 消 清 解（1.一般 2.特定）
申請時において既に許可を受けている建設業	05	
商号又は名称のフリガナ	06	アカツキカセツ
商号又は名称	07	（株）暁架設
代表者又は個人の氏名のフリガナ	08	ナカムラ　アツシ
代表者又は個人の氏名	09	中村　厚　　支配人の氏名
主たる営業所の所在地市区町村コード	10	06211　都道府県名 山形県　市区町村名 東根市
主たる営業所の所在地	11	旅篭町〇丁目〇番〇号
郵便番号	12	990－0047　電話番号 023-633-0000
		ファックス番号 023-633-0000
法人又は個人の別	13	1（1.法人 2.個人）　資本金額又は出資総額 5000（千円）　法人番号 0000000000000
兼業の有無	14	2（1.有 2.無）　建設業以外に行っている営業の種類
許可換えの区分	15	（1.大臣許可→知事許可　2.知事許可→大臣許可　3.知事許可→他の知事許可）
旧許可番号	16	大臣/知事コード　国土交通大臣/知事 許可（般/特－　）第　号　旧許可年月日 平成　年　月　日

役員等、営業所及び営業所に置く専任の技術者については別紙による。

連絡先
所属等　　氏名　　電話番号
ファックス番号

〔図表 36-2　暁架設別紙二 (1)〕

別紙二　（1）　　　　　　　　　　　　　　　　　　　　（用紙Ａ４）

営業所一覧表（新規許可等）

行政庁側記入欄

区分	項番 81	
許可番号	項番 82	大臣／知事コード　国土交通大臣／知事 許可（般－特－　）第　　号　許可年月日 令和　年　月　日

（主たる営業所）

主たる営業所の名称		フリガナ ホンテン 本店
営業しようとする建設業	83	（1. 一般　2. 特定）
変更前		

土	建	大	左	と	石	屋	電	管	タ	鋼	筋	舗	しゅ	板	ガ	塗	防	内	機	絶	通	園	井	具	水	消	清	解
1				1	1					1		1	1			1									1			

（従たる営業所）

従たる営業所の名称	84	フリガナ センダイエイギョウショ 仙台営業所
従たる営業所の所在地市区町村コード	85	04102　都道府県名 宮城県　市区町村名 仙台市宮城野区
従たる営業所の所在地	86	○○町○丁目○番地○
郵便番号	87	983－0047　電話番号 022－000－0000
営業しようとする建設業	88	（1. 一般　2. 特定）
変更前		

土	建	大	左	と	石	屋	電	管	タ	鋼	筋	舗	しゅ	板	ガ	塗	防	内	機	絶	通	園	井	具	水	消	清	解
	1	1	1	1	1	1			1	1	1			1	1	1	1	1		1				1				

（従たる営業所）

従たる営業所の名称	84	フリガナ
従たる営業所の所在地市区町村コード	85	都道府県名　市区町村名
従たる営業所の所在地	86	
郵便番号	87	－　電話番号
営業しようとする建設業	88	土 建 大 左 と 石 屋 電 管 タ 鋼 筋 舗 しゅ 板 ガ 塗 防 内 機 絶 通 園 井 具 水 消 清 解　（1. 一般　2. 特定）
変更前		

〔図表 36-3　暁架設別紙四〕

別紙四

専任技術者一覧表

平成　　年　　月　　日

営業所の名称	フリガナ 専任の技術者の氏名	建設工事の種類	有資格区分
本店	小松《コマツ》　隆《タカシ》	土-7 と-7 石-7 鋼-7 舗-7 しゅ-7 塗-7 水-7	13
仙台営業所	曽根《ソネ》　健二《ケンジ》	建-7 大-7 左-7 と-7 石-7 屋-7 タ-7 鋼-7 筋-7 板-7 ガ-7 塗-7 防-7 内-7 絶-7 具-7	20

〔図表 36-4　暁架設様式第八号〕

様式第八号（第三条関係）　　　　　　　　　　　　　　　　（用紙Ａ４）
0 0 0 0 3

専任技術者証明書（新規・~~変更~~）

①　下記のとおり、｛建設業法第７条第２号／~~建設業法第15条第２号~~｝に規定する専任の技術者を営業所に置いていることに相違ありません。
（２）　下記のとおり、専任の技術者の交替に伴う削除の届出をします。

平成　　年　　月　　日

東北地方整備局長
~~北海道開発局長~~
~~知事~~ 殿

申請者
~~届出者~~
山形県山形市旅籠町〇丁目〇番〇号
株式会社暁架設
代表取締役　中村　厚　　印

区分　項番 6 1　1（1. 新規許可等　2. 専任技術者の担当業種又は有資格区分の変更　3. 専任技術者の追加　4. 専任技術者の交替に伴う削除　5. 専任技術者が置かれる営業所のみの変更）

許可番号　6 2　大臣/知事コード □□　国土交通大臣/知事 許可（般/特－□□）第□□□□□□号　許可年月日 平成□□年□□月□□日

記

項番　フリガナ　（フリガナ）コマツ タカシ　　元号〔平成Ｈ、昭和Ｓ、大正Ｔ、明治Ｍ〕

氏名　6 3　コマ 小松 隆　　生年月日 Ｓ 49年 06月 19日

今後担当する建設工事の種類　6 4

土	建	大	左	と	石	屋	電	管	タ	鋼	筋	舗	しゅ	板	ガ	塗	防	内	機	絶	通	園	井	具	水	消	清	解
7				7	7					7		7	7			7									7			

現在担当している建設工事の種類

有資格区分　6 5　1 3　①□□　②□□　③□□　④□□　⑤□□　⑥□□　⑦□□　⑧□□

変更、追加又は削除の年月日　平成　　年　　月　　日　　営業所の名称（旧所属）

専任技術者の住所　山形県東根市〇〇-〇-〇　　営業所の名称（新所属）　本店

項番　フリガナ　（フリガナ）ソネ ケンジ　　元号〔平成Ｈ、昭和Ｓ、大正Ｔ、明治Ｍ〕

氏名　6 3　ソネ 曽根 健二　　生年月日 Ｓ 38年 05月 05日

今後担当する建設工事の種類　6 4

土	建	大	左	と	石	屋	電	管	タ	鋼	筋	舗	しゅ	板	ガ	塗	防	内	機	絶	通	園	井	具	水	消	清	解
	7	7	7	7	7	7			7	7	7			7	7	7	7	7		7				7				

現在担当している建設工事の種類

有資格区分　6 5　2 0　①□□　②□□　③□□　④□□　⑤□□　⑥□□　⑦□□　⑧□□

変更、追加又は削除の年月日　平成　　年　　月　　日　　営業所の名称（旧所属）

専任技術者の住所　仙台市青葉区〇〇-〇-〇　　営業所の名称（新所属）　仙台営業所

項番　フリガナ　（フリガナ）　　元号〔平成Ｈ、昭和Ｓ、大正Ｔ、明治Ｍ〕

氏名　6 3　　生年月日 □□□年□□月□□日

今後担当する建設工事の種類　6 4

土	建	大	左	と	石	屋	電	管	タ	鋼	筋	舗	しゅ	板	ガ	塗	防	内	機	絶	通	園	井	具	水	消	清	解

現在担当している建設工事の種類

有資格区分　6 5　①□□　②□□　③□□　④□□　⑤□□　⑥□□　⑦□□　⑧□□

変更、追加又は削除の年月日　平成　　年　　月　　日　　営業所の名称（旧所属）

専任技術者の住所　　営業所の名称（新所属）

〔図表 36-5　暁架設様式第十一号〕

様式第十一号（第四条関係）　　　　　　　　　　　　　　　　　　　　　　　　（用紙Ａ４）

建設業法施行令第３条に規定する使用人の一覧表

平成　　年　　月　　日

営業所の名称	職　名	氏《フリ》　名《ガナ》
仙台営業所	営業所長	曽根《ソネ》　健二《ケンジ》

〔図表 36-6　暁架設様式第十三号〕

様式第十三号（第四条関係）　　　　（用紙Ａ４）

建設業法施行令第３条に規定する使用人の住所、生年月日等に関する調書

住　　所	仙台市青葉区○○-○-○		
氏　　名	曽根　健二	生　年　月　日	S　38年　5月　5日生
営業所名	仙台営業所		
職　　名	営業所長　（常勤）		

	年　月　日	賞　罰　の　内　容
賞		なし
罰		

上記のとおり相違ありません。

平成　年　月　日　　　　氏名　曽根　健二　印

記載要領

「賞罰」の欄は、行政処分等についても記載すること。

〔図表 36-7　暁架設様式第二十号三〕

様式第二十号の三（第四条、第十条関係）

（用紙Ａ４）

健康保険等の加入状況

（1）　健康保険等の加入状況は下記のとおりです。
（2）　下記のとおり、健康保険等の加入状況に変更があつたので、届出をします。

平成　　年　　月　　日

山形県山形市旅篭町〇丁目〇番〇号
株式会社暁架設
申請者 届出者　代表取締役　中村　厚　印

東北地方整備局長
~~北海道開発局長~~
~~知事~~ 殿

許可年月日
許　可　番　号　国土交通大臣 知事 許可（般 特 －　）第　　号　平成　　年　　月　　日

（営業所毎の保険加入の有無）

営業所の名称	従業員数	保険加入の有無			事業所整理記号等	
		健康保険	厚生年金保険	雇用保険		
本店	5人 （　1人）	1	1	1	健康保険	0000000000
					厚生年金保険	0000000000
					雇用保険	0000000000
仙台営業所	4人 （　0人）	1	1	1	健康保険	本店一括
					厚生年金保険	本店一括
					雇用保険	本店一括
	人 （　人）				健康保険	
					厚生年金保険	
					雇用保険	
	人 （　人）				健康保険	
					厚生年金保険	
					雇用保険	
	人 （　人）				健康保険	
					厚生年金保険	
					雇用保険	
合計	9人 （　1人）					

5　他業種（建設業以外）が主業務の会社の建設業許可申請書

ブルックテクノスの申請書例

建設業以外に主業務があり、主業務に付随して建設工事も一部請け負う事業者を想定した申請書サンプルです。

兼業がある事業者に特有の部分だけ抜き出して掲載しています。オフィス移転を主業務にしながら、機器移設に伴う電気工事などを一部請け負っている想定です。

建設業とは一見無関係な業務であっても、メインの業務に付帯する作業が建設工事に該当する場合、当然その部分については建設業法の適用を受けることになり、建設業許可が必要になる場合があります。

近年は、建設業界側だけでなく、国内全体でコンプライアンス意識の高まりが続いています。自社の認識がない場合でも、発注者や金融機関などから業務の中に建設工事が混じっていることを指摘され、慌てて建設業法について調べ始める、というケースも多くあるようです。

なお、発注者の規模が大きいほどこういったコンプライアンス・チェックは厳しくなる傾向にあります。更に大型案件であれば事前の資金調達もあり得るため、同時に金融機関のコンプライアンス・チェックも受けることになります。コンプライアンスに適う運用をする必要があります。

〔図表 37-1　ブルックテクノス様式第一号〕

様式第一号（第二条関係）

（用紙Ａ４）
0 0 0 0 1

建 設 業 許 可 申 請 書

この申請書により、建設業の許可を申請します。
この申請書及び添付書類の記載事項は、事実に相違ありません。

年　　月　　日

関東地方整備局長
~~北海道開発局長~~
~~知事~~　殿

東京都千代田区神田佐久間河岸○-○AAAビル6階
ブルックテクノス株式会社
申請者　代表取締役　佐々木　浩司

行政庁側記入欄

項目	項番	記入内容
許可番号	01	大臣／知事コード［　］　国土交通大臣／知事 許可（般／特－［　］）第［　　　　　　］号　許可年月日 令和［　］年［　］月［　］日
申請の区分	02	［　］（1.新規 2.許可換え新規 3.般・特新規 4.業種追加 5.更新 6.般・特新規＋業種追加 7.般・特新規＋更新 8.業種追加＋更新 9.般・特新規＋業種追加＋更新）　許可の有効期間の調整 2（1.する 2.しない）
申請年月日	03	令和［　］年［　］月［　］日

項目	項番	記入内容
許可を受けようとする建設業	04	土 建 大 左 と 石 屋 電 管 タ 鋼 筋 舗 しゅ 板 ガ 塗 防 内 機 絶 通 園 井 具 水 消 清 解　（電：1）（1.一般 2.特定）
申請時において既に許可を受けている建設業	05	［　］
商号又は名称のフリガナ	06	ブルックテクノス
商号又は名称	07	ブルックテクノス（株）
代表者又は個人の氏名のフリガナ	08	ササキ　コウジ
代表者又は個人の氏名	09	佐々木　浩司　　支配人の氏名
主たる営業所の所在地市区町村コード	10	13101　都道府県名 東京都　市区町村名 千代田区
主たる営業所の所在地	11	神田佐久間河岸○－○AAAビル6階
郵便番号	12	101－0026　電話番号 03－0000－0000　ファックス番号 03-0000-0000
法人又は個人の別	13	1（1.法人 2.個人）　資本金額又は出資総額 10000（千円）　法人番号 0000000000000
兼業の有無	14	1（1.有 2.無）　建設業以外に行っている営業の種類 オフィス移転作業
許可換えの区分	15	［　］（1.大臣許可→知事許可 2.知事許可→大臣許可 3.知事許可→他の知事許可）
旧許可番号	16	大臣／知事コード［　］　国土交通大臣／知事 許可（般／特－［　］）第［　　　　　　］号　旧許可年月日［　］年［　］月［　］日

役員等、営業所及び営業所に置く専任の技術者については別紙による。

連絡先

所属等＿＿＿＿　氏名＿＿＿＿　電話番号＿＿＿＿

ファックス番号＿＿＿＿

〔図表 37-2(1)　ブルックテクノス様式第十六号〕

様式第十六号（第四条、第十条、第十九条の四関係）

損　益　計　算　書

自　平成 29 年 11 月　1 日
至　平成 30 年 10 月 31 日

（会社名）ブルックテクノス株式会社

単位：千円

Ⅰ　売上高		
完成工事高	18,269	
兼業事業売上高	2,156,936	2,175,205
Ⅱ　売上原価		
完成工事原価	9,229	
兼業事業売上原価	138,463	147,692
売上総利益(売上総損失)		
完成工事総利益(完成工事総損失)	9,040	
兼業事業総利益(兼業事業総損失)	2,018,472	2,027,513
Ⅲ　販売費及び一般管理費		
役員報酬	76,960	
従業員給料手当	212,290	
退職金		
法定福利費	30,672	
福利厚生費	10,432	
修繕維持費	427	
事務用品費	3,961	
通信交通費	31,804	
動力用水光熱費	3,028	
調査研究費		
広告宣伝費	331	
貸倒引当金繰入額	3,128	
貸倒損失		
交際費	13,662	
寄付金	1,454	
地代家賃	14,392	
減価償却費	46,946	
開発費償却		
租税公課	11,987	
保険料	68,752	
雑　費	20,616	550,850
営業利益（営業損失）		1,476,663

5 / 12

〔図表 37-2(2)　ブルックテクノス様式第十六号 (2)〕

完成工事原価報告書

自　平成 29 年 11 月 1 日
至　平成 30 年 10 月 31 日

（会社名）ブルックテクノス株式会社

単位：千円

Ⅰ 材料費		229
Ⅱ 労務費		4,500
（うち労務外注費	）	
Ⅲ 外注費		500
Ⅳ 経費		4,000
（うち人件費	500 ）	
完成工事原価		9,229

7 / 12

〔図表 37-3　ブルックテクノス様式第二十号〕

様式第二十号（第四条関係）　　　　（用紙Ａ４）

営　業　の　沿　革

創業以後の沿革	H 19年　12月　1日	設立 資本金300万円（オフィス移転作業の請負を開始）
	H 22年　9月　1日	資本金を1000万円に増資
	H 22年　10月　1日	建設工事の請負を開始する
	年　月　日	
	年　月　日	
	年　月　日	
	年　月　日	
	年　月　日	

建設業の登録及び許可の状況	年　月　日	なし
	年　月　日	
	年　月　日	
	年　月　日	
	年　月　日	
	年　月　日	
	年　月　日	
	年　月　日	
	年　月　日	
	年　月　日	

賞罰	年　月　日	なし
	年　月　日	
	年　月　日	
	年　月　日	

記載要領

1　「創業以後の沿革」の欄は、創業、商号又は名称の変更、組織の変更、合併又は分割、資本金額の変更、営業の休止、営業の再開等を記載すること。
2　「建設業の登録及び許可の状況」の欄は、建設業の最初の登録及び許可等（更新を除く。）について記載すること。
3　「賞罰」の欄は、行政処分等についても記載すること。

6　一般建設業と特定建設業の申請書の違い

根岸興業の申請書例

特定建設業を取得することを想定した申請書サンプルです。特定建設業の申請書に特有の部分だけ抜き出して掲載しています。

一部の業種について、指導監督的実務経験が必要な資格者が専任技術者になることを想定しています。

また、特定建設業の財産的基礎の要件をクリアしている財務諸表（貸借対照表）を確認してください。

サンプルでは、大工工事業の専任技術者に二級建築士を充てることを想定しています。特定建設業の場合、二級の資格者には指導監督的実務経験（35ページ参照）が必要になるので、指導監督的実務経験証明書を作成する必要があります。

また、特定建設業では財産的基礎が加重されます。サンプルでは特定建設業の財産的基礎の要件の各項目をクリアしているので、自社で特定建設業を取得されようとする場合は、要件とサンプルを照らし合わせてみてください。申請時の直前の決算でこの財産的基礎の要件をクリアしている必要があるため、申請前には顧問税理士等としっかり打合せして決算を組むようにしましょう。

〔図表 38-1　根岸興業様式第一号〕

様式第一号（第二条関係）

（用紙Ａ４）

0 0 0 0 1

建設業許可申請書

この申請書により、建設業の許可を申請します。
この申請書及び添付書類の記載事項は、事実に相違ありません。

年　月　日

地方整備局長
~~北海道開発局長~~
~~知事~~　殿

大阪府堺市北区梅田〇丁目〇番〇号
根岸興業株式会社
申請者　代表取締役　根岸　郁夫

行政庁側記入欄

項目	項番	記入内容
許可番号	01	大臣／知事コード［　］　国土交通大臣／知事　許可（般／特－［　］）第［　］号　許可年月日　令和［　］年［　］月［　］日
申請の区分	02	［　］（1.新規　2.許可換え新規　3.般・特新規　4.業種追加　5.更新　6.般・特新規＋業種追加　7.般・特新規＋更新　8.業種追加＋更新　9.般・特新規＋業種追加＋更新）　許可の有効期間の調整［2］（1.する　2.しない）
申請年月日	03	令和［　］年［　］月［　］日

項目	項番	記入内容
許可を受けようとする建設業	04	土 建 大 左 と 石 屋 電 管 タ 鋼 筋 舗 しゅ 板 ガ 塗 防 内 機 絶 通 園 井 具 水 消 清 解 建：2、大：2（1.一般　2.特定）
申請時において既に許可を受けている建設業	05	（記入なし）
商号又は名称のフリガナ	06	ネギシコウギョウ
商号又は名称	07	根岸興業（株）
代表者又は個人の氏名のフリガナ	08	ネギシ　イクオ
代表者又は個人の氏名	09	根岸　郁夫　　支配人の氏名
主たる営業所の所在地市区町村コード	10	27146　都道府県名　大阪府　市区町村名　堺市北区
主たる営業所の所在地	11	梅田〇丁目〇番〇号
郵便番号	12	530－0001　電話番号　072－0000－0000
		ファックス番号　072-0000-0000
法人又は個人の別	13	1（1.法人　2.個人）　資本金額又は出資総額　20000（千円）　法人番号　0000000000000
兼業の有無	14	2（1.有　2.無）　建設業以外に行っている営業の種類
許可換えの区分	15	［　］（1.大臣許可→知事許可　2.知事許可→大臣許可　3.知事許可→他の知事許可）
旧許可番号	16	大臣／知事コード［　］　国土交通大臣／知事　許可（般／特－［　］）第［　］号　旧許可年月日［　］年［　］月［　］日

役員等、営業所及び営業所に置く専任の技術者については別紙による。

連絡先
所属等　　氏名　　電話番号
ファックス番号

〔図表 38-2　根岸興業別紙四〕

別紙四

専任技術者一覧表

平成　　年　　月　　日

営業所の名称	専任の技術者の氏名《フリガナ》	建設工事の種類	有資格区分
本店	根岸《ネギシ》　郁夫《イクオ》	建-9	20
本店	佐々木《ササキ》　航《ワタル》	大-8	38

〔図表 38-3　根岸興業様式第八号〕

様式第八号（第三条関係）

（用紙Ａ４）
0 0 0 0 3

専任技術者証明書（新規・~~変更~~）

(1)（丸囲み）　下記のとおり、{ ~~建設業法第７条第２号~~ / 建設業法第15条第２号 } に規定する専任の技術者を営業所に置いていることに相違ありません。
(2)　下記のとおり、専任の技術者の交替に伴う削除の届出をします。

平成　　年　　月　　日

~~地方整備局長~~
~~北海道開発局長~~
大阪府知事　殿

申請者 / ~~届出者~~　大阪市北区梅田○丁目○番○号
根岸興業株式会社
代表取締役　根岸　郁夫　印

区　分　項番 6 1　1　（1. 新規許可等　2. 専任技術者の担当業種又は有資格区分の変更　3. 専任技術者の追加　4. 専任技術者の交替に伴う削除　5. 専任技術者が置かれる営業所のみの変更）

許可番号　6 2　大臣／知事コード □□　国土交通大臣／知事　許可（般／特－□□）第□□□□□□号　許可年月日　平成□□年□□月□□日

記

項目	内容
項番	63
フリガナ	ネギシ イクオ
氏名	ネ ギ 根 岸 　 郁 夫
生年月日	S 44年 10月 10日
今後担当する建設工事の種類（項番64）	9（土 建 大 左 と 石 屋 電 管 タ 鋼 筋 舗 しゅ 板 ガ 塗 防 内 機 絶 通 園 井 具 水 消 清 解）
現在担当している建設工事の種類	
有資格区分（項番65）	20
変更、追加又は削除の年月日	平成　年　月　日
営業所の名称（旧所属）	
専任技術者の住所	大阪市南区片蔵○-○-○
営業所の名称（新所属）	本店

項目	内容
項番	63
フリガナ	ササキ ワタル
氏名	サ サ 佐 々 木 　 航
生年月日	S 33年 05月 20日
今後担当する建設工事の種類（項番64）	8（土 建 大 左 と 石 屋 電 管 タ 鋼 筋 舗 しゅ 板 ガ 塗 防 内 機 絶 通 園 井 具 水 消 清 解）
現在担当している建設工事の種類	
有資格区分（項番65）	38
変更、追加又は削除の年月日	平成　年　月　日
営業所の名称（旧所属）	
専任技術者の住所	大阪市西区江戸堀○○-○
営業所の名称（新所属）	本店

項目	内容
項番	63
フリガナ	
氏名	
生年月日	年　月　日
今後担当する建設工事の種類（項番64）	（土 建 大 左 と 石 屋 電 管 タ 鋼 筋 舗 しゅ 板 ガ 塗 防 内 機 絶 通 園 井 具 水 消 清 解）
現在担当している建設工事の種類	
有資格区分（項番65）	
変更、追加又は削除の年月日	平成　年　月　日
営業所の名称（旧所属）	
専任技術者の住所	
営業所の名称（新所属）	

元号〔平成H、昭和S、大正T、明治M〕

〔図表 38-4　根岸興業様式第十号〕

様式第十号　（第十三条関係）　（用紙Ａ４）

指導監督的実務経験証明書

下記の者は、　大 工　工事に関し、下記の元請工事について指導監督的な実務の経験を有することに相違ないことを証明します。

平成　年　月　日

大阪市東区〇〇〇〇
株式会社岩松工務店
証　明　者　代表取締役　佐藤　和正　印

被証明者との関係　元社員

記

技術者の氏名	佐々木　航		生年月日	S33年5月20日	使用された	H20年　4月から
使用者の商号又は名称	株式会社岩松工務店				期　間	H28年　3月まで
発注者名	請負代金の額	職名	実務経験の内容		実務経験年数	
医療法人心会	48,000千円	工事部長	〇〇病院新設に伴う木工事一式		H25年　2月から	H26年　1月まで
社会福祉法人立志会	60,000千円	工事部長	特別養護老人ホーム〇〇新設に伴う木工事一式		H26年 10月から	H28年　1月まで
	千円				年　月から	年　月まで
	千円				年　月から	年　月まで
	千円				年　月から	年　月まで
	千円				年　月から	年　月まで
	千円				年　月から	年　月まで
	千円				年　月から	年　月まで
	千円				年　月から	年　月まで
	千円				年　月から	年　月まで
	千円				年　月から	年　月まで
	千円				年　月から	年　月まで
	千円				年　月から	年　月まで
	千円				年　月から	年　月まで
使用者の証明を得ることができない場合はその理由					合計　満　2年　4月	

記載要領

1　この証明書は、許可を受けようとする建設業に係る建設工事の種類ごとに、被証明者１人について、証明者別に作成し、請負代金の額が4,500万円以上の建設工事（平成６年12月28日前の建設工事にあつては3,000万円以上のもの、昭和59年10月１日前の建設工事にあつては1,500万円以上のもの）1件ごとに記載すること。

2　「職名」の欄は、被証明者が従事した工事現場において就いていた地位を記載すること。

3　「実務経験の内容」の欄は、従事した元請工事名等を具体的に記載すること。

4　「合計　満　年　月」の欄は、実務経験年数の合計を記載すること。

〔図表 38-5(1)　根岸興業様式第十五号 (1)〕

様式第十五号（第四条、第十条、第十九条の四関係）

貸　借　対　照　表

平成 30 年　4 月 30 日 現在

（会社名）**根岸興業株式会社**

資　産　の　部

単位：千円

Ⅰ　流　動　資　産		
現金預金		34,025
受取手形		
完成工事未収入金		24,512
有価証券		
未成工事支出金		
材料貯蔵品		
短期貸付金		
前払費用		
繰延税金資産		
その他		1,190
貸倒引当金		△
流動資産合計		59,727
Ⅱ　固　定　資　産		
(1)　有形固定資産		
建物・構築物		
減価償却累計額	△	
機械・運搬具	8,040	
減価償却累計額	△　1,005	7,035
工具器具・備品	861	
減価償却累計額	△　129	732
土地		
リース資産		
減価償却累計額	△	

1 / 12

建設仮勘定		
その他		
減価償却累計額	△	
有形固定資産合計		7,768
(2) 無形固定資産		
特許権		
借地権		
のれん		
リース資産		
その他		
無形固定資産合計		
(3) 投資その他の資産		
投資有価証券		
関係会社株式・関係会社出資金		
長期貸付金		
破産更生債権等		
長期前払費用		
繰延税金資産		
その他		
貸倒引当金		△
投資その他の資産合計		
固定資産合計		7,768
Ⅲ 繰 延 資 産		
創立費		177
開業費		
株式交付費		
社債発行費		
開発費		
繰延資産合計		177
資産合計		67,672

〔図表 38-5(2)　根岸興業様式第十五号 (2)〕

負　債　の　部

Ⅰ　流　動　負　債	
支払手形	
工事未払金	918
短期借入金	15,000
リース債務	
未払金	
未払費用	6,631
未払法人税等	84
繰延税金負債	
未成工事受入金	
預り金	618
前受収益	
引当金	
その他	1,546
流動負債合計	24,798
Ⅱ　固　定　負　債	
社　債	
長期借入金	2,340
リース債務	
繰延税金負債	
引当金	
負ののれん	
その他	
固定負債合計	2,340
負債合計	27,138

3 / 12

〔図表 38-5(3)　根岸興業様式第十五号 (3)〕

純　資　産　の　部

I　株主資本	
(1)　資本金	20,000
(2)　新株式申込証拠金	
(3)　資本剰余金	
資本準備金	
その他資本剰余金	
資本剰余金合計	
(4)　利益剰余金	
利益準備金	
その他利益剰余金	
準備金	
積立金	
繰越利益剰余金	20,533
利益剰余金合計	20,533
(5)　自己株式	△
(6)　自己株式申込証拠金	
株主資本合計	40,533
II　評価・換算差額等	
(1)　その他有価証券評価差額金	
(2)　繰延ヘッジ損益	
(3)　土地再評価差額金	
評価・換算差額等合計	
III　新株予約権	
純資産合計	40,533
負債純資産合計	67,672

4 / 12

7　申請先の管轄等の確認

申請書の確認

建設業許可を申請するときは、自社の本店所在地や営業所の数（1つの都道府県のみか、複数にまたがるか）により申請先が違います。各都道府県の県庁などにお問合せいただくか、都道府県等で発行している建設業許可の手引をホームページなどから、申請先を確認するようにしてください。

なお、一般的に知事許可を申請する場合には、県庁などそのものではなく、出先の窓口がエリアごとに定められている場合が多いです。いきなり県庁などに持ち込んでもおそらくそのまま帰されるので、事前に管轄を確認する必要があります。

収入印紙や収入証紙、登録免許税の違い

建設業許可を申請するときは、申請の区分などに応じて申請手数料がかかります。新規許可申請では９万円、業種追加や更新許可申請では5万円などです。知事許可の場合は現金で支払う場合や、必要な金額分の「県収入証紙」というものを購入して申請書に貼り付ける場合などがあります。事前に手引等を確認するようにしてください。

〔図表39　建設業の許可票サンプル〕

建設業の許可票			
商号又は名称			
代表者の氏名			
一般建設業又は特定建設業の別	許可を受けた建設業	許可番号	許可年月日
		国土交通大臣 知事 許可（　）第　号	
		国土交通大臣 知事 許可（　）第　号	
この店舗で営業している建設業			

35cm以上

40cm以上

大臣許可の場合は、必要な金額の登録免許税を事前に管轄の税務署で納めるか、必要な金額分の「収入印紙」を申請書に貼り付ける場合などがあります。こちらも事前に手引等を確認するようにしてください。

なお、県収入証紙で納めるべきところを現金で、または収入印紙で納めるべきところを県収入証紙で、など決められた納付方法以外では、ほぼ間違いなく受け付けてもらえません。

収入印紙や登録免許税を誤って購入、支払いしてしまうと、還付してもらうのに意外なほど時間がかかるので、正しい納付方法を必ず確認するようにしてください。

また、申請する業種の数によって許可申請手数料が変わることはありません。1業種申請しても、20業種申請しても、手数料は同じ金額を納付することになります。申請業種を絞っても節約にはならないので、欲しい業種は一度に申請してしまうほうがお得です。

業種の追加、許可の更新の際にもそれぞれ決められた申請手数料がかかります。

第5章　許可取得後の義務、定期的な報告など

1　許可取得後の義務

許可取得後にしなければならないこと

建設業の許可証が交付されると、晴れて建設業許可業者となります。許可を取得すると、許可業者として義務づけられるルールがあるので、これらは必ず守るようにしましょう。建設業許可の有効期間は5年間です。5年後には建設業許可の更新申請をしなければなりませんが、許可業者が守るべきルールを守らずにいるとこの更新申請がスムーズにできず、最悪の場合は許可が失効してしまうことになりかねません。

すぐにしなければならないのは、許可看板の作成です。建設業者の玄関先に飾ってある、金や銀の額縁を見たご経験があるかもしれませんが、あれのことです。鉄などのプレートで掲示している事業者が多いですが、実は掲示すべき記載内容を備えていれば、紙に印刷したものを額に入れて飾っても差し支えありません。決められた掲示すべき内容などは図表39（標識の掲示）をご確認ください。

決算変更届（営業報告）

許可取得後に決算が確定したら、毎年度事業年度終了から4ヶ月以内に、決算変更届という営業報告を、許可を受けた都道府県等に提出しなければなりません。3月末決算の会社であれば7月末まで、個人事業の場合は12月で事業年度が終わるので４月末までに、報告が必要な事項をまとめた決算変更届を提出します。

提出するのは、許可取得時に作成した「様式第二号」「様式第三号」「財務諸表」に「納税証明書」を添付したものです。様式については、報告する事業年度のもので、つまり終了した直近の事業年度に請け負った工事と決算の内容を報告することになります。

この決算変更届はとても重要な手続で、忘れてしまう事業者も多いですが、ほとんどの都道府県等では決算変更届を毎年度提出していないと許可の更新ができませんし、このあとに出てくる「公共工事を受注したい場合の手続」もこの決算変更届をベースにして手続を進めるので、決算変更届は毎年度忘れずに作成して提出するようにしましょう。

経営業務の管理責任者の変更

経営業務の管理責任者は営業所に常勤の取締役から選任することになっており、この状態が途切れると、建設業許可の要件を満たしていないことになるため、途切れないように選任しておく必要があります。

経営業務の管理責任者が取締役から退任するなど切り替えが必要な場合には、スムーズな切り替えができるように事前に準備を始めましょう。次回の定時株主総会で経営業務の管理責任者が退任する予定がある場合、残った取締役や新任取締役の中から、経営経験があり書面上確認できる適任者がいるかどうかにより、調整が必要になる可能性があります。

経営業務の管理責任者の変更は、事後届出です。変更後2週間以内に変更届を提出しなければなりません。

なお、新任の取締役を経営業務の管理責任者にする場合に、登記に時間がかかり2週間以内の変更届が間に合わない場合がありますが、「申立書」などを添えて経緯と事情を説明するようにしてください。

専任技術者の変更

専任技術者は営業所の常勤職員から選任することになっており、この状態が途切れると、建設業許可の要件を満たしていないことになるため、途切れないように選任しておく必要があります。専任技術者が退職や転勤など切り替えが必要な場合には、スムーズな切り替えができるように事前に準備を始めましょう。

人事異動などで専任技術者が退職する予定がある場合、他の職員の中から、許可業種に該当する資格をお持ちか実務経験があり、書面上確認できる適任者がいるかどうかにより、調整が必要になる可能性があります。新規採用する必要がある場合もあります。

専任技術者の変更は、事後届出です。変更後2週間以内に変更届を提出しなければなりません。

商号変更、資本金変更、営業所の所在地、役員構成等の変更

会社の商号、資本金、営業所の所在地、役員構成等に変更があった場合、変更後30日以内に変更届を提出して、変更事項を報告します。これらの変更事項は登記される事項のため、変更届には履歴事項全部証明書と、変更事項に応じて営業所の写真や、取締役の登記されていないことの証明書、身元証明書などそれぞれ所定の書類を添付して提出することになります。

一部廃業、全部廃業などの変更

建設工事の複数の業種で許可を受けている場合に、一部の業種がもう必要なくなったときなどに、その業種を廃止することを「許可の一部廃業」、現在受けている建設業許可をすべて辞めることを「許可の全部廃業」といい、それぞれ廃業届を提出します。

「廃業」という言葉がちょっと強いので勘違いされる場合がありますが、事業自体を辞めるという意味ではなく、建設業許可をその部分廃止するという意味なので、数年後やはり必要だとなったときには再度取得することも当然できます。

また、法人で事実上社長1人でやっていた会社や個人事業主が不幸にも亡くなってしまい、事業自体を辞める場合にも、同じく廃業届を提出します。建設業許可のほか、事業自体も廃業になる場合が多いかもしれません。

法人の解散、合併による消滅、破産開始などの場合にも、同様に廃業届を提出します。

許可の種類の変更（県知事許可から大臣許可、一般建設業から特定建設業、業種の追加など）

変更事項の中でも許可の種類が変更になる場合は、単なる変更届ではなく「別の種類の許可申請」をすることになるので、比較的大がかりな作業になります。新規の許可申請よりは少し楽だけど決算変更届よりは何倍も大変…というレベルの作業でしょう。

①知事許可から大臣許可

1つの都道府県内に営業所がある事業者は最初に知事許可を取得することになります。その後他の都道府県に営業所を設け、複数の営業所で建設業を営むことになれば、県知事許可を大臣許可に変更する必要があります。これまでの「○○県知事許可」の部分が「国土交通省大臣許可」に変わりますので、許可番号そのものを再度取り直すというイメージです。

手続としては、知事許可を取得したときと同じように新規の許可申請という扱いになるので、改めて役員等に関する証明書類や履歴事項全部証明書、納税証明書などを集め、知事許可のときには提出していなかった本店以外の都道府県にある営業所の情報を追加するかたちで、申請書を作成します。

本店所在地を管轄する都道府県を経由してそのエリアを管轄する地方整備局などに申請書を提出することになります。各地方整備局などにより申請時の取扱いが違うので、申請前に本店のある都道府県等の担当課にご相談するとよいでしょう。

②一般建設業から特定建設業

新規許可取得時には一般建設業を取得し、事業を続ける中で特定建設業を取得するケースです。事業のスタイルによっては一般建設業だけで十分な場合もありますが、元請工事をメインに大規模工事を受注しようとする場合には、いずれ特定建設業が必要になってくる可能性があります。

特定建設業は、一般建設業に比べて専任技術者の要件と財産的基礎の要件が加重されているので、まずこの２つのハードルをクリアするところから準備をすることになります。専任技術者は一定以上の資格等をお持ちの技術者を専任技術者に選任すればその時点で要件を満たしますが、財産的基礎は、直近の決算上の財務状況によって判断されるため、申請期の直前期の決算を組む前の段階から顧問税理士等と相談しながら、特定建設業の財産的基礎をクリアするような決算を組む必要があります。

直前期の決算である程度の当期純利益を計上すること、または一定額の増資をすること、これら両方を合わせて行うことなど、いくつかの対策がありますが、いずれにしろ数千万円を動かすことが必要になるため、会社の規模によっては数年単位の準備期間が必要になる可能性があります。

特定建設業の許可申請は、直前期の決算状況は「決算変更届」で提出しているはずなので、主に技術者の配置や役員等が欠格要件に該当しないことなど、人的な部分の審査になります。決算状況は申請書から省略できる場合が多いです。

省略可能かどうか、実際に申請する窓口でご相談するとよいでしょう。

③業種の追加

既に建設業許可を取得している事業者が、既存の業種に加えて新たに他の業種の許可を取得する場合に行う手続です。内装屋さんが設備工事も合わせて請け負う際に管工事業の許可を追加する場合や、足場工事の専門業者がビルリフォームまで請け負うために塗装工事業、防水工事業の許可を追加する場合などがこれにあたります。

業種の追加の場合には、新規許可のときと同じように、経営業務の管理責任者、専任技術者、財産的基礎などの各要件については、再度すべて審査の対象になります。業種に合った技術者を配置し、経営経験がある取締役等が在籍していることを書類上明らかにする作業をすることになります。

業種の追加をすると、建設業許可の許可番号が複数存在することになります。(般－28)や(般－30)の数字の部分は許可を受けた和暦年度のことですが、複数の業種の許可が数年に渡って追加されると、(般－27)(般－29)(般－30)などの複数の許可番号と許可期限を同時に管理する必要が出てきます。これは誤って許可の失効や手続漏れなどの原因になるため、「許可の一本化」という制度があります。詳しくは、申請をする窓口にご相談するとよいでしょう。

なお、この業種の追加は、まだ持っていない許可業種を追加するときに行う手続です。1つの業種について一般建設業と特定建設業の両方を取得することはできないので、現在一般建設業の鋼構造物工事業の許可を持っている事業者が、特定建設業の鋼構造物工事業の許可を追加することはできません。その場合の手続は前ページの「②一般建設業から特定建設業」の手続です。

第6章　公共工事を受注したい場合の手続
（経審、入札参加資格申請）

1　入札参加

公共工事が受注できる体制づくり

日本では昔から、国や都道府県、市町村が発注する公共工事を請け負い施工することで建設業界の一部を維持してきた歴史があります。一部で公共工事依存の業界体質などと言われることもあるようですが、国や都道府県等には具体的に土木工事、建設工事などを行う技術も人員もないので、民間業者が請け負って工事を行う他には、国家を運営する上で必要な建物や土木建築物はつくる手段はないですし、維持管理もできないので、公共工事自体は日本が続く限り、絶対になくならない案件でもあるのです。

制度上、公共工事（国、都道府県、地方公共団体などが発注する工事をすべてひっくるめて、本書では公共工事と呼びます）を元請業者として請け負うには、建設業許可を受けていることが大前提になります。せっかく建設業許可を取得したら、絶対になくならない案件である公共工事を受注できる体制をつくることをおすすめします。

公共工事が受注できる体制とは、簡単にいえば「役所等の発注機関が持っている取引業者のリストに載る」状態です。入札参加資格申請といいますが、昔は「指名願い」と呼んでおり、未だにこの呼び方をする自治体もあります。入札参加資格申請が受付されると、晴れて役所と取引ができる業者、つまり公共工事を受けられる体制が整った状態になります。

入札参加資格審査申請（指名願い）とは

公共工事は原則的に、工事の発注機関が工事の概要を公示して、それに対し入札参加資格を持つ建設業者が入札することで、発注先を決定し、契約締結後に工事を行うという順番で進みます。この入札に参加できる資格があるのは、工事を受注したい発注機関に対して事前に入札参加資格審査を申請し、登録になった事業者だけです。

入札参加資格は、発注機関それぞれに対して行う必要があるので、○○市の入札参加資格を持っているからといって、その隣の○○町や○○村が発注する工事にも応札できる、ということにはなりません。つまり、自社が入札参加したい発注機関が1つの都道府県内すべてなのであれば、そのすべての発注機関に対して入札参加資格審査の申請をしなければなりませんし、県内にある国の機関が発注する工事にも参加したいのであれば、その機関を管轄する省庁などの入札参加資格も持っている必要があります。

例えば、○○市の市役所改修工事は当然○○市が発注する工事ですが、○○市の中を走っている県道を補修する工事は○○市ではなくて県が発注することになりますし、その県道脇に自衛隊の基地があれば、それは防衛省が管理する施設なので、自衛隊基地の外構工事は防衛省が発注する工事になります。自社がどこまでどういう工事を営業範囲に加えたいか、じっくり検討して入札参加資格申請の計画を立てる必要があります。

2 入札参加資格審査申請までの流れ

経審

自治体等の入札参加資格は、一般的に1~3年程度の期間ごとに更新されることになっています。自治体によりまちまちですが、国の機関は大体が2年間、都道府県なども1~2年になっていることが多いです。

ほとんどの場合がカレンダーの年度ごとなので、4月1日に始まり3月31日で終わる年度を1~3年度分、という区切りになっています。この年初(4月1日)に登録されるように、逆算して6ヶ月~2ヶ月前くらいまでに入札参加資格審査の申請をすることになります。

ただし、先ほども触れたとおり入札参加資格審査は自治体や発注機関ごとに行うため、この申請時期や登録されてるタイミング、有効期間も極めてマチマチで、参加登録したい自治体などをシラミ潰しに確認する以外に方法がありません。

入札参加資格審査申請には、経審の結果通知書(正確には「経営規模等評価結果通知書、総合評定値通知書」といいますが、長くて難しいので、本書では「経審の結果通知書」といいます)を添付する必要があります。経審についてはこのあと解説しますが、入札参加資格審査に経審の結果通

〔図表 40　登録経営状況分析機関一覧〕

登録番号	機関の名称	事務所の所在地	電話番号
1	（一財）建設業情報管理センター	東京都中央区築地 2-11-24	03-5565-6131
2	（株）マネージメント・データ・リサーチ	熊本県熊本市中央区京町 2-2-37	096-278-8330
4	ワイズ公共データシステム（株）	長野県長野市田町 2120-1	026-232-1145
5	（株）九州経営情報分析センター	長崎県長崎市今博多町 22	095-811-1477
7	（株）北海道経営情報センター	北海道札幌市白石区東札幌一条 4-8-1	011-820-6111
8	（株）ネットコア	栃木県宇都宮市鶴田 2-5-24	028-649-0111
9	（株）経営状況分析センター	東京都大田区大森西 3-31-8	03-5753-1588
10	経営状況分析センター西日本（株）	山口県宇部市北琴芝 1-6-10	0836-38-3781
11	（株）日本建設業経営分析センター	福岡県北九州市小倉南区葛原本町 6-8-27	093-474-1561
22	（株）建設業経営情報分析センター	東京都立川市柴崎町 2-17-6	042-505-7533

知書が必要だということは、入札参加したい発注機関の入札参加資格審査の時期には、手元に経審の結果通知書がなければならないことになります。

経審は、直近の決算を基に審査を受けます。順番にまとめると、①決算を確定させる、②建設業許可の決算変更届を提出する、③経審を受ける、④入札参加資格審査の申請をする、という流れになります。標準的なスケジュールでは、決算が締まる月末から経審の結果通知書が手元に届くまで、おおよそ6～7ヶ月程度かかります。このスケジュールを念頭に置いて、入札参加資格審査の準備をしましょう。

経営状況分析とは

経営事項審査（経審）は、正確には「経営状況」と「経営規模、技術力、その他の審査項目（社会性等）」をそれぞれ審査することを指し、このうち「経営状況」を数値化して評価することを「経営状況分析」といいます。

経営状況分析は、全国の登録経営状況分析機関が行っています。図表40に登録経営状況分析機関をまとめていますので、いずれかの機関で分析を受けることになります。

基本的にどの機関で分析を受けても、結果は全く同じものになります。費用やサービス内容に一部違いがあるので、やりやすいところで分析を受けられるとよいと思います。

経営規模等評価申請とは

経審のうち、「経営規模、技術力、その他の審査項目（社会性等）」を数値化して評価する審査のことを「経営規模等評価」といいます。経営規模等評価申請をする際には、経営状況分析結果通知書を添付するので、この経営規模等評価申請のことを「経審を受ける」とまとめて呼んでしまうことが多いようです。

この経営規模等評価申請をすると、手元に「経審の結果通知」が届くことになります。この結果通知に業種ごと記載のある「P」と書かれた点数が、貴社の建設業者としての評価点数です。建設業者の間で使われる「経審の点数」という言葉は、このP点を指しています。

このP点は入札参加資格審査のうち、「客観的事項」と呼ばれるもので、発注機関は「客観的事項」に独自の「主観的事項」を加味して、事業者の格付を行います。公共工事のなかで使われる「ランク」という言葉は、この格付を指しています（SランクやBランクなど）。特にランクを定めず、

P点に主観的事項の評価を足した点数だけで、入札参加資格を持つ事業者を管理している発注機関も多くあります。

経審の結果通知書の有効期間は、審査基準日（経審を受けた直近の決算日がこれにあたります）から1年7ヶ月です。この有効期間内でないと、公共工事を受注することができません。これを逆算して考えると、公共工事を受注できる体制を維持するためには、毎年度必ず経審を受けていなければならない、ということになります。

3　経営規模等評価申請の受審方法

経審の準備を進める前に申請窓口で相談

許可を受けている都道府県、地方整備局などにより、受審方法が若干異なりますので、経審の準備を進める前に申請先の窓口でご相談するとよいでしょう。一般的には次の①②のような資料を作成、準備して、各都道府県等の窓口に申請することになります。

①すべての事業者が作成または提示する書類

・経営規模等評価申請書および総合評定値請求書（様式第二十五号の十一、別紙一～三）
・経営状況分析結果通知書

・確定申告書一式
・納税証明書（消費税及び地方消費税の「その1」）
・建設業許可の直近の決算変更届

②該当する事業者が作成または提示する書類

・雇用保険概算・確定保険調申告書
・健康保険被保険者標準報酬決定通知書
・建退共共済事業加入・履行証明書（経審申請用）
・就業規則及び退職金規定
・中小企業退職金共済の加入証明書
・法定外労災補償の保険証券等
・防災協定書
・建設機械のリースまたは売買契約書と特定自主検査検査証
・ISO9001 または ISO14001 の認証登録証明書

入札参加資格審査の申請

入札参加登録をするためには、所定の要件を満たした上で、必要な書類等を揃えて希望する発注機関に入札参加資格審査申請をすることになりますが、その前提としてクリアしなければならない要件があります。発注機関、自治体ごとに定めている要件もあるため、ここでは一般的な規定を例示します。

・建設業の許可を受けていること
・経営事項審査を受け、経営規模等評価結果通知書を受け取っていること
・契約を締結する能力を有しない者（契約締結のために必要な同意を得ている被補助人、被保佐人又は未成年者を除く）及び破産者で復権を得ないものに該当しないこと
・入札参加登録の取消しを受け、入札参加資格喪失期間を経過していない者に該当しないこと
・都道府県税を完納していること
・消費税及び地方消費税を完納していること
・入札参加登録を申請した日から入札参加登録を受けた日までの間において、国及び他の地方公共団体から指名停止を受けていないこと（同日の前日まで入札参加登録のあったものを除く）
・暴力団員が、その役員となっている法人その他暴力団員が経営に関与しており、適正な競争を妨げるおそれがあると認められるものでないこと

自治体などの発注機関が公表している入札参加資格審査のスケジュールをホームページ等で確認し、決められた書式に沿って申請書を作成し、規定の添付書類等を合わせて提出することで、入札参加資格を得ることができます。

4　経審、入札参加資格のスケジュール管理

自社で管理しやすい方法で

無事に経審を受審し、希望する自治体等の発注機関に入札参加資格を得たとします。この発注機関から受注できる体制を維持するには、「経審の有効期限」と「入札参加資格の有効期限」両方を更新し続ける必要があります。つまり、手元にある経審の結果通知書が有効期限内で、入札参加資格も有効な間だけ、発注機関からの工事が受注できるということです。

経審の結果通知書の有効期限は審査基準日（経審を受けた直近の決算日）から1年7ヶ月で、審査基準日は経審の結果通知書に記載があります。この日から1年7ヶ月が経過する前に、新しい決算に基づく経審を受審する必要があるため、決算確定～建設業許可の決算変更届～経審受審までは、あまり時間的余裕がなくパタパタと手続を進めることになります。

入札参加資格の有効期限は、自治体などの発注機関により異なります。自社で入札参加登録している自治体などについては、現在お持ちの入札参加資格がいつまで有効なのかを一覧にするなどして管理し、有効期限が近づいてきたら自治体などのホームページで更新情報が掲載されていないかを常にチェックし続ける必要があります。一般的に有効期限の満了する3～4ヶ月前には、自治体などのホームページに更新情報が掲載されるようです。

経審の結果通知書の有効期限と、入札参加資格の有効期限をあわせて管理し、これらが切れ目なく更新されるようにスケジュール管理する必要があるため、骨の折れる作業ですが、自社で管理しやすいような一覧表を作成するなどして、適正に管理するようにしましょう。

入札参加資格審査申請の電子化

入札参加資格申請は、これまで原則的には書面を提出する方法によって行われていました。現在でも書面申請の自治体の方が圧倒的に多い状況ですが、これが少しずつ変わってきています。

東京都や神奈川県、大阪府など都市部の一部自治体では、入札参加資格審査申請を全てインターネット上のオンライン申請に切り替えて、書面の提出を省く運用を始めています。これらの自治体では、個別の案件の公示等もインターネットを通じて行われているため、入札案件に関するかなりの部分を電子化していっていることになります。

書面での申請の場合、１つの自治体に対する申請書だけで少なくとも20ページ程度の分量になるので、地域一帯の自治体全てに入札参加資格審査申請をする事業者が50自治体分の申請書を作成すれば、それだけで膨大な事務負担が発生することになります。技術力があって施工体制が整っている事業者でも、この事務負担を嫌って入札参加資格審査の申請先を絞っているケースもあるようです。せっかくの技術力が手続き上の問題で公共工事に活かされないのは、本末転倒です。

省庁が中心となって一元電子化する方針で検討を進めている最中のようです。

おわりに

日本各地の建設業者様からご相談をいただいて、年間延べ3，000件以上の手続をお手伝いしている中で、建設業は日本のあらゆる地域で基幹産業の1つになっていることを感じます。私がこの仕事を始めて14年以上経ちますが、建設業界はその間にも様々に変化し、その時々の課題をクリアしながら、今日まで地域経済を支えています。

東日本大震災が起こる前、東北地方の建設業界は不景気に悩まされていました。震災直後から数年間は爆発的な復興需要が訪れましたが、同時に材料費や人件費の高騰も起こり、また混乱期特有の工事代金未払いなども多発しました。

現在は、2021年に行われた東京オリンピックに向けての準備で、関東地方を中心に新たな建設需要が発生していましたが、この東京オリンピックに向けた需要が一段落すると、建設工事の需要は局地的に冷え込み、業界全体の景気は後退するという方もいらっしゃいます。

その他にも、本文中のコラムで触れたとおり、若年層の業界離れによる人材不足が深刻なようです。私は建設業者の経営者や経営層と年間150人くらいお会いしますが、皆さま口を揃えて、人手が足りないというお悩みをおっしゃいます。国交省がまとめた統計でも、建設技能者の年齢別構成では29歳以下が全体の10％程度となっています。同じく国交省が行った建設業者へのアンケートでは、これに対する取り組みとして「福利厚生の向上」や「技能教育、資格取得支援」などを挙げているようです。いずれも、若者にとって建設業界が「キャリアアップしながら」「安定して長く働ける」業界になるような取り組みといえると思います。

また、これは建設業界に限った話ではありませんが、経営層の高齢化に伴う事業承継のご相談をいただく機会も多いです。後継ぎとなるご子息や後継者がいらっしゃる場合には、業務そのものを引き継ぐ作業に加えて個人資産の引き継ぎ（オーナー社長が引退される場合、持ち株譲渡等の作業が発生します）を行う必要があるため、数年がかりの作業になることが多いです。後継者がいない場合には、他社との合併や事業譲渡（M＆A）が行われるケースもありますが、日本では小規模事業者の事業譲渡はまだ活発ではないため、廃業される場合も多いようです。

少しネガティブな話題をいくつか挙げましたが、歴史が始まる前から営まれてきた建設工事という作業がなくなってしまうことは考えられず、人が生活する限りは建物を建てる、土壌を整備する、インフラや設備を維持管理する工事はなくならずに続くはずです。業界全体が継続していける仕組みづくりを、業界内外や行政などが知恵を出し合いながら見つけだすことでしょう。

ビジネスの世界では、ピンチはチャンスと言われることがあります。建設業界を取り巻く諸問題についても、この課題をクリアした事業者にとっては、生き残るチャンスになるのかもしれません。

最後に、本書を書かせていただく機会をくださった関係者の皆さまと、本書を書かせていただけるまで様々なご相談を通して教育してくださった、建設業界の皆さまに感謝申し上げます。

塩谷　豪

著者略歴

塩谷　豪（しおや　たけし）

福島県南相馬市出身 1979 年生まれ、東北学院大学法学部法律学科卒業。行政書士 宮城県行政書士会所属。行政書士法人ファーストグループ代表（東京および仙台）。専門分野：建設業許可、経営事項審査、入札参加登録、産廃業等の許認可。創業以来東北エリア、関東エリアで建設業者を多数許可まで導き、現在は上場企業から地場業者、個人事業者まで年間 3,000 件近い手続をお手伝いしている建設業許可の専門家。これらの事業者からこれまで多数の相談を受け、無事許可取得や維持管理の外注化、簡素化、コンプライアンスに適う運用のお手伝いをしてきており、建設業者の適正なライセンス管理とコンプライアンス運用をサポートし続けることが私と当社のミッションである。

改訂版 建設業許可取得・維持管理のことがよくわかる本

2019年 6月 6日 初版発行　　2019年 12月 2日 第 2刷発行
2021年 11月 8日 改訂版初版発行

著　者　塩谷　豪 ©Takeshi Shioya
発行人　森　忠順
発行所　株式会社 セルバ出版
〒 113-0034
東京都文京区湯島 1 丁目 12 番 6 号 高関ビル 5 B
☎ 03（5812）1178　FAX 03（5812）1188
https://seluba.co.jp/
発　売　株式会社 三省堂書店／創英社
〒 101-0051
東京都千代田区神田神保町 1 丁目 1 番地
☎ 03（3291）2295　FAX 03（3292）7687

印刷・製本　株式会社 丸井工文社

Printed in JAPAN
ISBN978-4-86367-711-1